国家卫生健康委员会"十四五"规划教材

全国中等卫生职业教育教材

供医学检验技术专业用

生物化学基础

第4版

主 编 莫小卫 方国强

副主编 刘香娥 张自悟

编 者（以姓氏笔画为序）

王 芳（山东省青岛卫生学校）

王钦玲（山东省莱阳卫生学校）

方国强（广东省潮州卫生学校）

刘保东（长治卫生学校）

刘香娥（菏泽家政职业学院）

张玉媛（海南省第二卫生学校）

张自悟（首都医科大学附属卫生学校）

姜 竹（黑龙江护理高等专科学校）

莫小卫（梧州市卫生学校）

人民卫生出版社

·北 京·

图书在版编目（CIP）数据

生物化学基础/莫小卫，方国强主编. —4版. —
北京：人民卫生出版社，2022.11（2023.10 重印）
ISBN 978-7-117-34035-9

Ⅰ. ①生… Ⅱ. ①莫… ②方… Ⅲ. ①生物化学 - 医
学院校 - 教材 Ⅳ. ①Q5

中国版本图书馆 CIP 数据核字（2022）第 209735 号

人卫智网	www.ipmph.com	医学教育、学术、考试、健康， 购书智慧智能综合服务平台
人卫官网	www.pmph.com	人卫官方资讯发布平台

生物化学基础
Shengwu Huaxue Jichu
第 4 版

主　　编：莫小卫　　方国强
出版发行：人民卫生出版社（中继线 010-59780011）
地　　址：北京市朝阳区潘家园南里 19 号
邮　　编：100021
E - mail：pmph @ pmph.com
购书热线：010-59787592　　010-59787584　　010-65264830
印　　刷：三河市潮河印业有限公司
经　　销：新华书店
开　　本：850×1168　1/16　印张：15
字　　数：319 千字
版　　次：2002 年 8 月第 1 版　　2022 年 11 月第 4 版
印　　次：2023 年 10 月第 2 次印刷
标准书号：ISBN 978-7-117-34035-9
定　　价：46.00 元
打击盗版举报电话：010-59787491　E-mail：WQ @ pmph.com
质量问题联系电话：010-59787234　E-mail：zhiliang @ pmph.com
数字融合服务电话：4001118166　E-mail：zengzhi @ pmph.com

修订说明

为服务卫生健康事业高质量发展，满足高素质技术技能人才的培养需求，人民卫生出版社在教育部、国家卫生健康委员会的领导和支持下，按照新修订的《中华人民共和国职业教育法》实施要求，紧紧围绕落实立德树人根本任务，依据最新版《职业教育专业目录》和《中等职业学校专业教学标准》，由全国卫生健康职业教育教学指导委员会指导，经过广泛的调研论证，启动了全国中等卫生职业教育护理、医学检验技术、医学影像技术、康复技术等专业第四轮规划教材修订工作。

第四轮修订坚持以习近平新时代中国特色社会主义思想为指导，全面落实党的二十大精神进教材和《习近平新时代中国特色社会主义思想进课程教材指南》《"党的领导"相关内容进大中小学课程教材指南》等要求，突出育人宗旨、就业导向，强调德技并修、知行合一，注重中高衔接、立体建设。坚持一体化设计，提升信息化水平，精选教材内容，反映课程思政实践成果，落实岗课赛证融通综合育人，体现新知识、新技术、新工艺和新方法。

第四轮教材按照《儿童青少年学习用品近视防控卫生要求》（GB 40070—2021）进行整体设计，纸张、印刷质量以及正文用字、行空等均达到要求，更有利于学生用眼卫生和健康学习。

前　言

　　本教材全面落实党的二十大精神，以习近平新时代中国特色社会主义思想为指导，全面贯彻党的教育方针和卫生健康工作方针，落实立德树人根本任务，贯彻"加快发展现代职业教育"精神；遵循技术技能型人才成长规律，按照建立职业教育人才成长"立交桥"的要求，通过教材内容的衔接和贯通，力求体现新的职教理念和要求。运用现代信息技术教材呈现形式，着力加强数字化教学资源建设。

　　在编写过程中遵循"三基、五性、三特定"的编写要求，教材融传授知识、培养能力、提高素质为一体，注重职业教育人才德能并重、知行合一和崇高职业精神的培养。重视培养学生的创新、获取信息及终身学习的能力。

　　本教材在强调生物化学知识系统性的同时，针对中等卫生职业教育医学检验技术专业的实际需要，在教材内容的编排上有所侧重，体现了为专业课程服务的理念。全书内容共十二章，根据编写要求，在每一章的内容之前列出了"学习目标"，围绕着学习目标组织教学内容。每章设有"导入案例""知识拓展""思考与练习"，为正文相关知识内容进行了扩展和延伸，增加教材的应用性、趣味性和可读性，拓展学生知识面，以激发学生学习兴趣。在每章后面附有对本章内容总结性描述的章末小结。

　　教材的数字内容主要包括各章教学课件以及与全国卫生资格相关考试题型匹配的目标测试题，供教师教学和学生学习时选用。

　　本书在编写和出版过程中，全体参编人员都付出了最大努力。但由于编者水平有限，加之时间仓促，难免有不足之处，敬请使用本教材的广大师生提出宝贵意见。

莫小卫　方国强

2022 年 11 月

目 录

第一章 | 绪 论

01章 数字内容

1. 具有医学生物化学基础知识,树立为患者服务的意识。
2. 掌握生物化学的概念。
3. 熟悉生物化学的主要研究内容。
4. 了解生物化学的发展史;生物化学与医学的关系。

    生物化学即"生命的化学",是研究生物体的物质组成、化学结构以及各种化学变化的科学,其主要任务是从分子水平和化学变化的本质上解释各种生命现象。它是生命科学的重要组成部分。在医学领域,生物化学的主要研究对象是人体。

    生物化学集合了生物学、化学、数学、物理学、生理学、细胞生物学、遗传学和免疫学等多门学科的理论和方法,使之与众多学科有着广泛而密切的联系;并且,其研究进展随着相关学科的发展而突飞猛进,成为现代生命科学研究的重要基础学科之一。

一、生物化学研究的主要内容

(一)生物体的物质组成、化学结构及功能

    生物体是由无机物和有机物两大类物质组成的。无机物包括水和无机盐,有机物主要包括蛋白质、核酸、糖类、脂类和维生素。它们依据分子量的大小,又可分为生物小分子和生物大分子两大类。生物小分子有维生素、激素、水、无机盐以及构成生物大分子所需的氨基酸、核苷酸、糖、脂肪酸和甘油等。生物大分子主要有蛋白质、核酸、多糖和以结合状态存在的脂质。各种生物分子,尤其是蛋白质与核酸等生物大分子均有其独特的结构与功能,且两者密切相关。结构是功能的基础,功能是结构的体现,物质的结构决定物质的功能。

（二）新陈代谢及其调控

新陈代谢是生命的基本特征。生物体不断地与外界环境进行物质和能量交换，与此同时，生物体内也不断地进行物质和能量的自我更新，这是生命体有别于非生命体的重要标志。新陈代谢包括合成代谢和分解代谢。合成代谢是一个同化作用过程，可将摄入的小分子物质转变为机体自身的大分子物质，以保证机体正常的生长、发育、繁殖、修复和更新，需消耗能量。分解代谢是一个异化作用过程，可将机体自身的大分子物质分解为小分子物质，其作用在于释放能量（产能），合成 ATP 供机体利用，同时也为合成代谢提供原料。新陈代谢在体内受到严格的调节和控制，以保证机体适应外环境的变化，维持内环境的稳定。

（三）遗传信息的传递与表达

遗传是指由基因的传递，使后代获得亲代的特性。这是生物体区别于非生物体的又一基本特征。核酸作为生物体的遗传物质，分 DNA 和 RNA 两大类。DNA 是遗传信息的主要载体，基因即为 DNA 分子中的功能片段；而 RNA 则参与遗传信息表达的各个过程。遗传信息的传递与表达主要包括 DNA 复制、RNA 转录和蛋白质的翻译等生命过程，涉及遗传、变异、生长、分化等生命现象，与遗传性疾病、恶性肿瘤、心血管疾病等多种疾病的发病机制有关，是现代生物化学十分重要的研究内容。

二、生物化学的发展过程

生物化学是在 20 世纪初作为一门独立的学科发展起来的，其发展过程大致可分为三个阶段，即叙述生物化学、动态生物化学和机能生物化学阶段。

（一）叙述生物化学阶段

从 19 世纪末到 20 世纪初，各国科学家对糖类、脂类等生物体化学组成进行了研究，并对生物体各种组成成分进行分离、纯化、结构测定、合成及理化性质的研究，客观描述了组成生物体的物质含量、分布、结构、性质与功能。虽然同期生物体内的一些化学过程也被发现，并进行过研究，但总的来说还是以分析和研究生物体的组成成分为主，是生物化学的萌芽时期，所以，这一时期被称为叙述生物化学阶段或静态生物化学阶段。

（二）动态生物化学阶段

从 20 世纪初期开始至 20 世纪中期，随着科学技术的不断进步，生物化学的研究取得了蓬勃的发展。在营养学方面，发现了必需氨基酸、必需脂肪酸和多种维生素。在内分泌学方面，发现了许多不同的激素。在酶学方面，1926 年脲酶被成功分离并结晶。接着，胃蛋白酶及胰蛋白酶等也被相继分离纯化。酶被证实是一类蛋白质，其性质及功能研究得到迅速发展。在新陈代谢方面，生物化学工作者应用放射性核素示踪法等当时较为先进的手段，深入研究各种物质在生物体内的化学变化，使各种物质代谢途径，如三羧酸循环、脂肪酸 β- 氧化、糖酵解及鸟氨酸循环等过程得以明确阐述。由于代谢是一个动态过程,所以,这个时期亦被称作动态生物化学阶段。

(三)机能生物化学阶段(分子生物化学阶段)

从 20 世纪 50 年代开始,生物化学进入发展最为迅速的阶段,取得了许多里程碑式的重大突破。蛋白质与核酸等生物大分子的研究成为焦点,核酸的结构和蛋白质生物合成的途径被阐明。尤其是 Watson 和 Crick 在 1953 年提出了 DNA 双螺旋结构模型,随后证明了遗传学中心法则,从而产生了分子生物学,并成为生物化学的重要组成部分。

Cohen 于 1973 年建立了体外重组 DNA 方法,标志着基因工程的诞生。1981 年 Cech 发现了核酶,从而打破了酶的化学本质都是蛋白质的传统观念。1990 年开始实施的人类基因组计划(human genome project, HGP)是生命科学领域有史以来最庞大的全球性研究计划,其研究成果广泛应用于基因诊断、基因治疗和基因工程药物研发,极大地推动了现代医学的发展。

知识拓展

我国对生物化学发展的贡献

我国生物化学家在生物化学的发展过程中发挥了重要的作用。1965 年中国科学院上海生物化学研究所的科学家们首次用人工方法合成了具有生物活性的牛胰岛素。1981 年,我国科学家又成功地合成了酵母丙氨酰 -tRNA。此外,我国科学家还在酶学、蛋白质结构、新基因的克隆和功能等方面取得了重要成就。21 世纪初,我国科学家加入了人类基因组计划,成为参与这一计划的唯一发展中国家,为该计划的顺利完成作出了积极的贡献。

三、生物化学与医学的关系

生物化学作为重要的医学基础课程,其研究内容与疾病的发生、诊断、治疗以及药物的研制均有着密切关系。

1. 生物化学与疾病的发生　DNA 的结构改变可导致细胞变异;血红蛋白结构异常会发生镰状细胞贫血;胰岛素分泌不足可引发糖尿病;酪氨酸酶缺陷会导致白化病;苯丙氨酸羟化酶缺陷会导致苯丙酮酸尿症;糖酵解速度过快可造成乳酸酸中毒;食物中缺乏叶酸或维生素 B_{12} 会发生巨幼红细胞贫血。

2. 生物化学与疾病的诊断　临床上测定血清谷丙转氨酶,可了解肝脏是否功能正常;检测血清中甲胎蛋白,可协助诊断是否有肝癌的发生;测定血清胆碱酯酶活性,可了解有机磷中毒的程度及评估治疗效果;测定血浆蛋白的种类和含量,可作为肝、肾疾病的诊断依据;分析 DNA 的结构,可了解是否有致病基因的存在。

3. 生物化学与疾病的治疗　通过介入技术将链激酶或尿激酶注入冠状动脉血栓形成处，可将血栓溶解，血管再通；多晒太阳可促进机体维生素 D 的合成，从而预防佝偻病或软骨病；通过限制苯丙酮酸尿症患者苯丙氨酸摄入量，对保证患者正常生长发育有一定作用。

4. 生物化学与药物的研制　生物化学与药学有着密切的联系，其迅速发展的理论和技术在制药工业中得到广泛应用，目前生物化学药物根据化学结构可分为以下七类：①氨基酸、多肽及蛋白类药物；②酶和辅酶类药物；③核酸及降解物和衍生物类药物；④糖类药物；⑤脂类药物；⑥维生素类药物；⑦组织制剂。

总之，在临床实践中，无论是疾病的预防，还是疾病的诊断和治疗，或者生物化学药物的研制，生物化学的知识和技术都可解决很多问题。这也是学习生物化学的目的之一。

四、学习生物化学的方法

1. 要运用结构决定功能的逻辑思维来学习生物化学。

2. 要注重在学习的过程中对基本概念、关键酶、重要反应过程及特点、生理意义等的理解记忆。

3. 要注意前后联系、勤于思考，充分做到理论联系实际。

4. 要学会学习自学，课前预习、课后及时复习的有效方法。

章末小结　生物化学即"生命的化学"，是研究生物体的物质组成、化学结构以及各种化学变化的科学。其主要任务是从分子水平和化学变化的本质上解释各种生命现象。生物化学主要内容是研究生物体的物质组成、化学结构及功能，新陈代谢及其调控，遗传信息的传递与表达。其发展过程可分为叙述生物化学、动态生物化学和分子生物化学三个阶段。我国生物化学家在生物化学的发展过程中作出了积极的贡献。作为重要的医学基础课程，生物化学与疾病的发生、诊断、治疗以及药物的研制均有着密切关系。

（莫小卫）

思考与练习

一、名词解释

1. 生物化学　　2.新陈代谢

二、填空题

1. 生物化学是一门从 _____ 水平上研究生命现象的科学。

2. 新陈代谢包括 _____ 代谢和 _____ 代谢。

3. 生物化学的发展包括 _____、_____、_____ 三个阶段。

三、简答题

1. 简述生物化学研究的内容。

2. 简述生物化学与医学的关系。

第二章 | 蛋白质与核酸化学

02章 数字内容

学习目标

1. 具有尊重关爱生命、严谨认真的职业道德和职业素质。
2. 掌握蛋白质元素组成特点和基本组成单位；蛋白质的理化性质；核酸的分子结构。
3. 熟悉蛋白质基本结构；核酸的分子组成；某些重要的核苷酸。
4. 了解蛋白质的空间结构；蛋白质结构与功能的关系；蛋白质的分类；核酸的理化性质。

生命活动建立在物质基础上，人体中主要含有水、无机盐、糖类、脂类、蛋白质、核酸、维生素等物质，它们是健康生命的动力之源。蛋白质和核酸是体内主要的生物大分子，各自有其结构特征，并分别行使不同的生理功能。核酸具有贮存、传递遗传信息等功能，而蛋白质几乎涉及所有的生理过程。两者的存在与配合，是遗传、繁殖、生长、运动、物质代谢等生命现象的基础。因此，研究生物体的分子结构与功能必须先深入了解这两类生物大分子。

第一节　蛋白质的分子组成

蛋白质是生物体的基本组成成分之一，也是生物体中含量最丰富的生物大分子，约占人体干重的 45%。各种蛋白质都有其特定的结构和功能，而在物质代谢、组织修复、物质运输、肌肉收缩、机体防御和细胞信号转导等各种生命活动过程中，蛋白质都发挥着不可替代的作用。

一、蛋白质的元素组成

组成蛋白质分子的主要元素有碳（50%~55%）、氢（6%~7%）、氧（19%~24%）、氮

（13%~19%）等，还含有硫和少量的磷或铁、锰、锌、铜、钴、钼及碘等元素。氮元素是蛋白质的特征元素，各种蛋白质的含氮量很接近，平均为16%；由于蛋白质是体内的主要含氮物质，因此生物样品中每1g氮的存在，表示大约有6.25g（1g/0.16=6.25g）蛋白质的存在。6.25常被称为蛋白质系数，这是蛋白质元素组成的一个特点，也是凯氏定氮法测定蛋白质含量的理论基础。

$$100g 样品中蛋白质含量（g\%）＝ 每克样品中含氮克数 \times 6.25 \times 100$$

二、蛋白质的基本组成单位——氨基酸

蛋白质是高分子化合物，经酸、碱或蛋白水解酶作用水解为基本组成单位——氨基酸。

（一）氨基酸的结构特点
存在于自然界中的氨基酸有300余种，但被生物体直接用于合成蛋白质的仅有20种。这20种氨基酸均有共同的结构特点，即除脯氨酸外，其他氨基酸α-碳原子上均连接一个氨基（—NH₂）和一个羧基（—COOH）；且均属于L-α-氨基酸（甘氨酸除外）。其结构通式见图2-1：

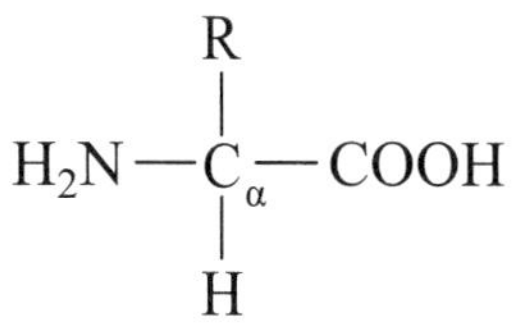

图2-1 氨基酸的结构通式

（二）氨基酸的分类
20种氨基酸的区别仅在于侧链基团的大小、电荷、疏水性和反应活性。通常据此将氨基酸分为四类：①非极性氨基酸；②非电离的极性氨基酸；③碱性氨基酸；④酸性氨基酸（表2-1）。

表2-1　20种常见氨基酸的名称和结构式

中文名	英文名	简写符号	结构式	等电点
非极性氨基酸				
丙氨酸	alanine	Ala	$CH_3—CH—COO^-$ 的 $^+NH_3$	6.02
缬氨酸 *	*valine	Val	$(CH_3)_2CH—CHCOO^-$ 的 $^+NH_3$	5.97
亮氨酸 *	*leucine	Leu	$(CH_3)_2CHCH_2—CHCOO^-$ 的 $^+NH_3$	5.98
异亮氨酸 *	*Isoleucine	Ile	$CH_3CH_2CH—CHCOO^-$ 的 CH_3 $^+NH_3$	6.02

中文名	英文名	简写符号	结构式	等电点
苯丙氨酸*	*phenylalanine	Phe		5.48
色氨酸*	*tryptophan	Trp		5.89
甲硫（蛋）氨酸*	*methionine	Met	$CH_3SCH_2CH_2-CHCOO^-$ $\overset{\|}{+NH_3}$	5.75
脯氨酸	proline	Pro		6.30

非电离的极性氨基酸

甘氨酸	glycine	Gly	CH_2-COO^- $\overset{\|}{+NH_3}$	5.97
丝氨酸	serine	Ser	$HOCH_2-CHCOO^-$ $\overset{\|}{+NH_3}$	5.68
苏氨酸*	*threonine	Thr	$CH_3CH-CHCOO^-$ $\overset{\|}{OH}\ \overset{\|}{+NH_3}$	6.53
半胱氨酸	cysteine	Cys	$HSCH_2-CHCOO^-$ $\overset{\|}{+NH_3}$	5.02
酪氨酸	tyrosine	Tyr		5.66
天冬酰胺	asparagine	Asn		5.41

中文名	英文名	简写符号	结构式	等电点
谷氨酰胺	glutamine	Gln	$H_2N-\overset{\overset{O}{\|\|}}{C}-CH_2CH_2\underset{\underset{+NH_3}{\|}}{C}HCOO^-$	5.65
碱性氨基酸				
组氨酸	histidine	His	(结构式) $CH_2\underset{\underset{+NH_3}{\|}}{C}H-COO^-$	7.59
赖氨酸 *	*lysine	Lys	$^+NH_3CH_2CH_2CH_2CH_2\underset{\underset{NH_2}{\|}}{C}HCOO^-$	9.74
精氨酸	arginine	Arg	$H_2N-\overset{\overset{+NH_2}{\|\|}}{C}-NHCH_2CH_2CH_2\underset{\underset{NH_2}{\|}}{C}HCOO^-$	10.76
酸性氨基酸				
天冬氨酸	aspartic acid	Asp	$HOOCCH_2\underset{\underset{+NH_3}{\|}}{C}HCOO^-$	2.97
谷氨酸	glutamic acid	Glu	$HOOCCH_2CH_2\underset{\underset{+NH_3}{\|}}{C}HCOO^-$	3.22

注：* 为必需氨基酸。

上述 20 种氨基酸都具有特异的遗传密码,故又称为编码氨基酸。

（三）氨基酸的理化性质

1. 两性解离性质和等电点　所有氨基酸分子都含有碱性的氨基(—NH_2)和酸性的羧基(—COOH);既可在酸性溶液中通过氨基(—NH_2)与质子(H^+)结合成带正电荷的阳离子(—NH_3^+),也可在碱性溶液中通过羧基解离,失去质子(H^+)变成带负电荷的阴离子(—COO^-)。因此氨基酸是两性电解质,具有两性解离的特性。氨基酸的解离方式取决于其所处溶液的 pH。在一定的 pH 条件下,某种氨基酸酸性解离和碱性解离的趋势相等,所带的正负电荷相等,称为兼性离子。此时溶液的 pH 就是该氨基酸的等电点(pI)。通常酸性氨基酸的 pI<4.0,碱性氨基酸 pI>7.5,中性氨基酸的 pI 为 5.0~6.5 (表 2-1)。

氨基酸的解离状态用下式表示:

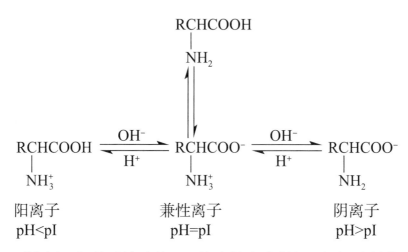

$$阳离子 \atop pH<pI \qquad 兼性离子 \atop pH=pI \qquad 阴离子 \atop pH>pI$$

在一定 pH 范围内,氨基酸溶液的 pH 偏离等电点越远,氨基酸所带的净电荷越多。由于不同氨基酸所含的氨基和羧基的数目不同,解离程度不同,故等电点也不相同,在同一 pH 溶液中,不同氨基酸所带净电荷种类和数量不同。利用这一性质,可通过电泳、离子交换层析等方法分离、纯化氨基酸。

2. 氨基酸的紫外吸收性质和呈色反应　含有共轭双键的色氨酸、酪氨酸和苯丙氨酸等芳香族氨基酸在 280nm 波长处具有特征性吸收峰(图 2-2)。由于大多数蛋白质含有酪氨酸和色氨酸残基,所以测定蛋白质溶液 280nm 的光吸收值,是快速分析溶液中蛋白质含量的简便方法。

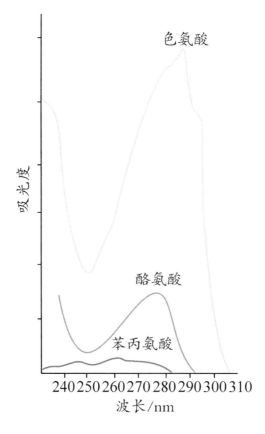

图 2-2　芳香族氨基酸的紫外吸收

氨基酸还能与某些试剂发生特异的颜色反应,如氨基酸与茚三酮试剂共同加热生成蓝紫色化合物,在 570nm 波长处有最大吸收峰,可用于氨基酸的定性或定量分析。

(四)蛋白质分子中氨基酸的连接方式

1. 肽键　蛋白质是氨基酸聚合成的高分子化合物,氨基酸之间通过肽键相连。一个氨基酸的 α- 羧基与另一个氨基酸的 α- 氨基脱水缩合形成的酰胺键(—CO—NH—)称为肽键(图 2-3)。

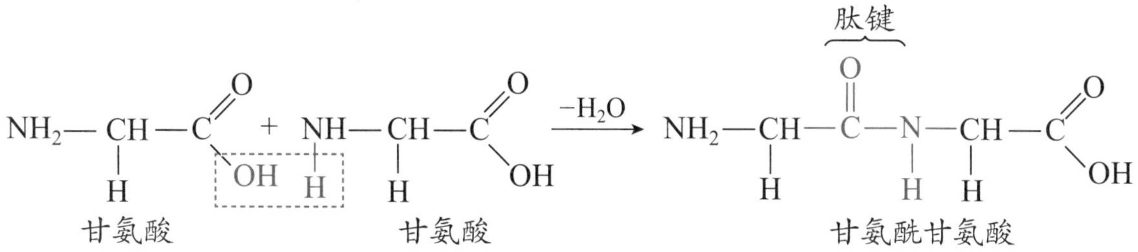

图 2-3　肽键和肽

2. 肽　氨基酸通过肽键相连而成的化合物称为肽。由两个氨基酸组成的肽叫二肽,三个氨基酸组成的肽称为三肽,依次类推。一般把十个以下氨基酸组成的肽称为寡肽,十个以上氨基酸组成的肽称为多肽,多肽呈链状亦称为多肽链。多肽链有两端,有自由氨基的一端称氨基末端或 N- 端,书写肽链时通常写在左侧;有自由羧基的一端称羧基末端或 C- 端,书写肽链时通常写在右侧。肽链分子中的氨基酸因脱水缩合而基团不完整,被称为氨基酸残基。

3. 体内重要的生物活性肽　生物体内存在许多具有生物活性的小分子肽,在代谢调节、神经传导等方面起到重要的作用,称为生物活性肽。如谷胱甘肽(GSH)是由谷氨酸、半胱氨酸和甘氨酸组的三肽。谷胱甘肽是体内重要的还原剂,可保护体内含巯基的蛋白质不被氧化,维持蛋白质的活性;使细胞产生的 H_2O_2 还原成 H_2O;GSH 还具有嗜核特性,能与外源的致癌剂或药物结合,阻断这些物质与 DNA、RNA 以及蛋白质结合,从而对机体起到保护作用。此外,体内有许多激素属寡肽或多肽,如由下丘脑 - 垂体 - 肾上腺皮质轴释放的催产素(9 肽)、加压素(9 肽)、促肾上腺皮质激素(39 肽)、促甲状腺素释放激素(3 肽)等。在神经传导过程中起信号转导作用的肽类如 P 物质(10 肽)、脑啡肽(5 肽)、β- 内啡肽(31 肽)和强啡肽(17 肽)等被称为神经肽。

谷胱甘肽在临床上可作为解毒、抗辐射和治疗肝病的药物。

神经肽含量低,但活性高、作用广泛而复杂,参与痛觉、睡眠、情绪、学习与记忆等生理活动的调节,尤其与中枢神经系统产生的痛觉抑制关系密切,在临床上被用于镇痛治疗。

第二节　蛋白质的结构与功能

蛋白质分子是由一条或多条多肽链构成的具有复杂结构的生物大分子。蛋白质的分子结构可分为一级、二级、三级和四级结构。一级结构是蛋白质的基本结构，二级、三级、四级结构称为空间结构。蛋白质的生物学功能和性质是由其结构所决定的。

一、蛋白质的基本结构

在蛋白质分子中，其多肽链从 N- 端至 C- 端的氨基酸残基排列顺序称为蛋白质的一级结构。稳定一级结构的主要化学键是肽键，有些蛋白质还含有二硫键。1953 年，英国化学家 Sanger 完成了牛胰岛素一级结构的测定，这是世界上第一个被确定一级结构的蛋白质。牛胰岛素有 A 和 B 两条多肽链，A 链有 21 个氨基酸残基，B 链有 30 个氨基酸残基，A、B 两条链通过 2 个二硫键相连，A 链内还有 1 个二硫键（图 2-4）。

由于各种蛋白质多肽链所含氨基酸的数量不同、各种氨基酸所占比例不同以及氨基酸在肽链中排列顺序不同，因此 20 种氨基酸就构成了结构多样、功能各异的蛋白质。蛋白质一级结构是其空间结构和特异生物学功能的基础。蛋白质一级结构的阐明对揭示某些疾病的发病机制、指导疾病治疗有十分重要的意义。

二、蛋白质的空间结构

天然状态下，蛋白质多肽链并非呈线性伸展结构，而是在一级结构基础上多肽链通过折叠和盘曲形成特有的空间结构。蛋白质的分子形状、理化性质和生物学活性与其空间结构密切相关。

（一）蛋白质的二级结构

蛋白质的二级结构是指多肽链主链原子的局部空间排布。在所有已测定的蛋白质中均有二级结构的存在。二级结构的主要形式有 α- 螺旋、β- 折叠、β- 转角和无规卷曲等。其中 α- 螺旋和 β- 折叠是蛋白质二级结构的主要形式。

1. α- 螺旋　指多肽链的主链围绕中心轴作有规律的螺旋状盘曲形成的一种紧密螺旋状结构。该螺旋为右手螺旋，其走向为顺时针方向。相邻螺旋之间形成氢键，以维持螺旋结构的稳定（图 2-5）。α- 螺旋是球状蛋白质构象中最常见的二级结构形式。毛发的角蛋白、肌肉的肌球蛋白以及血凝块中的纤维蛋白，它们的多肽链几乎全都卷曲呈 α-螺旋。

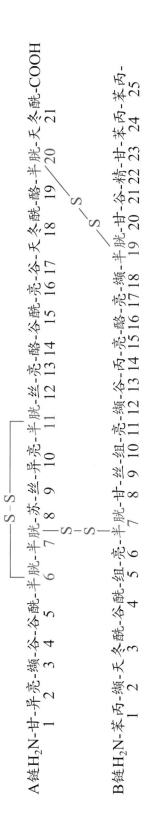

图 2-4　牛胰岛素的一级结构

A链H₂N-甘-异亮-缬-谷酰-谷-半胱-半胱-苏-丝-异亮-半胱-丝-亮-酪-谷酰-亮-谷-天冬酰-酪-半胱-天冬酰-COOH
　　　　1　2　3　4　5　6　7　8　9　10　11　12　13　14　15　16　17　18　19　20　21

B链H₂N-苯丙-缬-天冬酰-谷酰-组-亮-半胱-甘-丝-组-亮-缬-谷-丙-亮-酪-亮-缬-半胱-甘-谷-精-甘-苯丙-苯丙-酪-苏-脯-赖-丙-COOH
　　　　1　2　3　4　5　6　7　8　9　10　11　12　13　14　15　16　17　18　19　20　21　22　23　24　25　26　27　28　29　30

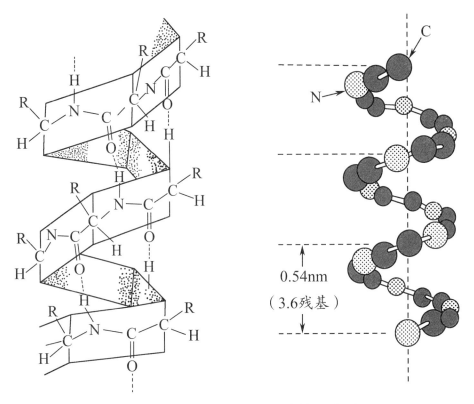

图 2-5　蛋白质的 α- 螺旋结构示意图

2. β- 折叠　在 β- 折叠结构中, 多肽链主链呈折纸状, 以 α- 碳原子为旋转点, 依次折叠成锯齿状结构, 构成 β- 折叠的若干肽段互相靠拢, 顺向或逆向平行排列并通过氢键相连, 以维持 β- 折叠结构的稳定(图 2-6)。

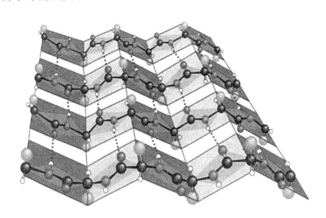

图 2-6　蛋白质的 β- 折叠结构

3. β- 转角和无规卷曲　β- 转角常发生在肽链进行 180° 回折时的转角上。无规卷曲是指多肽链中除了以上几种比较规则的构象外, 其余没有确定规律性的局部肽链构象。

一种蛋白质分子可存在多种二级结构形式, 只是各结构形式在不同蛋白质中所占比例不同而已。

（二）蛋白质的三级结构

蛋白质的三级结构是指在二级结构的基础上, 由于侧链基团的相互作用, 多肽链进一步卷曲、折叠所形成的三维空间结构，即整条多肽链所有原子的空间排布。蛋白质三级结构的形成和稳定主要靠多肽链侧链基团间所形成的次级键如氢键、离子键、二硫键、疏水键、范德华力等，其中以疏水键最为重要（图2-7）。

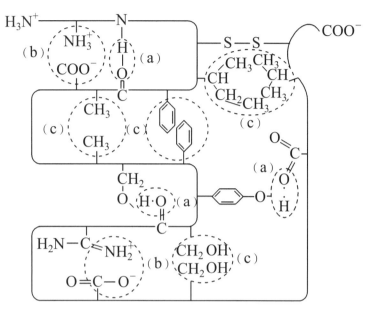

图 2-7　维持蛋白质分子空间构象的化学键

（a）氢键；（b）离子键；（c）疏水键。

（三）蛋白质的四级结构

体内有许多蛋白质分子是由两条或两条以上具有独立三级结构的多肽链通过非共价键聚合而成，其中每条具有独立三级结构的多肽链称为亚基。蛋白质分子中各亚基之间的空间排布称为蛋白质的四级结构，维持四级结构稳定的非共价键主要为疏水键、氢键、离子键，其中离子键尤其重要。

蛋白质分子一、二、三、四级结构示意图见图2-8。

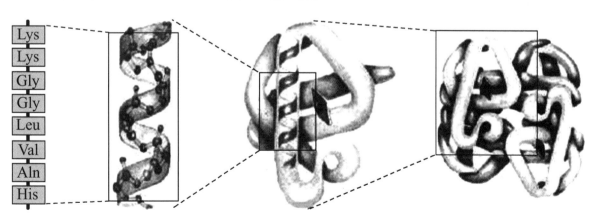

图 2-8　蛋白质一、二、三、四级结构示意图

三、蛋白质结构与功能的关系

（一）蛋白质一级结构与功能的关系

1. 一级结构是空间结构和功能的基础　如核糖核酸酶是依靠分子内二硫键及非共价键维持其空间结构并保持其活性。当有尿素和β-巯基乙醇存在时，二硫键和非共价键断裂，空间结构破坏，酶活性丧失；用透析的方法除去尿素和β-巯基乙醇后，由于一级结构未破坏，该酶可恢复原有的空间结构，同时恢复原有的生物学功能。说明蛋白质高级结构的形式是以一级结构的氨基酸残基序列为基础的（图2-9）。

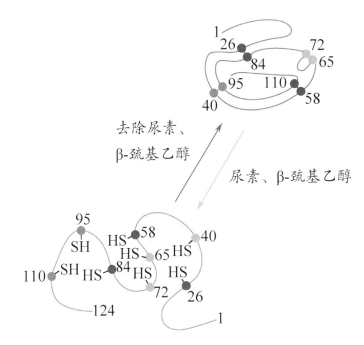

图2-9　牛核糖核酸酶一级结构与空间结构的关系

2. 一级结构的变化与分子病　正常成人血红蛋白β亚基的第6位氨基酸是谷氨酸，而镰状红细胞贫血患者的血红蛋白中谷氨酸被缬氨酸取代（图2-10）。仅此一个氨基酸的改变，使血红蛋白聚集成丝，相互黏着，导致红细胞变形成为镰刀状而极易破碎，产生贫血。这种由于基因突变造成蛋白质分子发生变异，进而引起空间结构和生物学功能改变而导致的疾病称为分子病。

（二）空间结构与功能的关系

蛋白质的各种功能与其空间结构有着密切的关系，当蛋白质空间结构发生改变时其生物学功能也随之发生变化。

1. 血红蛋白构象改变引起功能变化　正常成人红细胞中的血红蛋白由两条α链和两条β链组成。这四个亚基均有两种构象，即紧张态（T态）和松弛态（R态）。在血红蛋白无氧结合时，其亚基为紧张态，此时与氧的亲和力小；在组织中，血红蛋白呈紧张态，有利于其在氧分压低的情况下释放出氧供组织利用。在血红蛋白结合氧时，亚基呈松弛

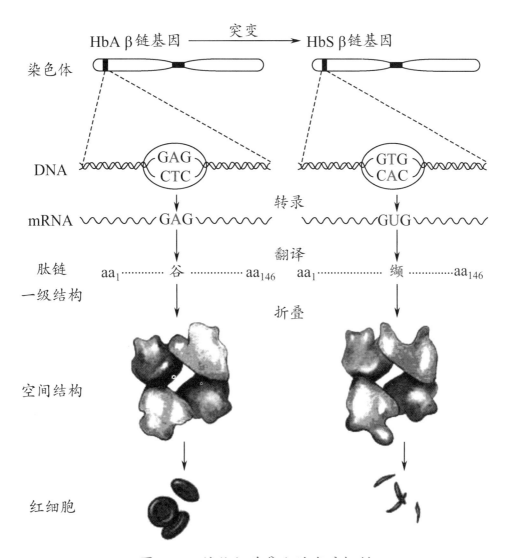

图 2-10 镰状细胞贫血的发病机制

态,此时与氧的亲和力大,且当第一个亚基与氧结合后,就会逐步促进第二、第三、第四个亚基与氧结合;在肺器官内,血红蛋白呈松弛态,有利于血红蛋白在氧分压高的肺中迅速充分地与氧结合,从而完成其运输 O_2 功能。

2. 蛋白质构象改变可导致构象病　生物体内蛋白质的合成、加工和成熟是一个复杂的过程,其中多肽链的正确折叠对其正确构象的形成和功能发挥起着至关重要的作用。若蛋白质的折叠发生错误,尽管其一级结构不变,但蛋白质的构象发生改变,仍可影响其功能,严重时可导致疾病发生,有人将此类疾病称为蛋白质构象病。有些蛋白质错误折叠后相互聚集,常形成抗蛋白水解酶的淀粉样纤维沉淀,产生毒性而致病,表现为蛋白质淀粉样纤维沉淀的病理改变,这类疾病包括人纹状体脊髓变性病、老年痴呆症、亨廷顿舞蹈病、疯牛病等。

疯　牛　病

疯牛病是由朊病毒(感染性蛋白质)引起的一组人和动物神经退行性病变。正常动物和人脑中存在由染色体基因编码的蛋白质 PrP,其分子二级结构含多个 α-螺旋,水溶性强,对蛋白酶敏感,又称为 PrPC。富含 α-螺旋的 PrPC 在某种未知蛋白质的作用下可转变成致病的分子,其二级结构含多个 β-折叠,亦称为 PrPSc。PrPSc 和 PrPC 的一级结构完全相同,可见 PrPC 转变成 PrPSc 涉及蛋白质分子 α-螺旋重新折叠成 β-折叠的过程。PrPSc 对蛋白酶不敏感,水溶性差,而且对热稳定,易成聚集状态,在中枢神经细胞中堆积,最终破坏神经细胞。

第三节　蛋白质的理化性质和分类

一、蛋白质的理化性质

(一)蛋白质的两性解离与等电点

蛋白质和氨基酸一样具有两性解离性质。蛋白质分子除两端游离的氨基和羧基可解离外,侧链 R 基上还有一些可解离的酸性基团或碱性基团,在一定的溶液 pH 条件下,都可解离成带负电荷或正电荷的基团。

当蛋白质溶液处于某一 pH 时,蛋白质解离成阳离子和阴离子的趋势相等,即净电荷为零,成为兼性离子,此时溶液的 pH 为该蛋白质的等电点(pI)(图 2-11)。

$$P\begin{smallmatrix}NH_2\\COOH\end{smallmatrix} \quad 蛋白质分子$$

$$P\begin{smallmatrix}NH_3^+\\COOH\end{smallmatrix} \underset{+H^+}{\overset{+OH^-}{\rightleftharpoons}} P\begin{smallmatrix}NH_3^+\\COO^-\end{smallmatrix} \underset{+H^+}{\overset{+OH^-}{\rightleftharpoons}} P\begin{smallmatrix}NH_2\\COO^-\end{smallmatrix}$$

蛋白质的阳离子　蛋白质的兼性离子　蛋白质的阴离子
　(pH<pI)　　　(pH=pI)　　　　(pH>pI)

图 2-11　蛋白质两性电离示意图

不同的蛋白质其等电点不同,通常含碱性氨基酸较多的蛋白质其等电点偏碱性;含酸性氨基酸较多的蛋白质其等电点偏酸性。当蛋白质溶液的 pH 小于其等电点时,蛋白质颗粒带正电荷,反之则带负电荷。人体体液 pH 为 7.35~7.45,体内蛋白质的 pI 大多数小于 6,所以人体内大部分蛋白质带负电荷。

蛋白质处于等电点时,净电荷为零,分子之间无电荷排斥,容易聚集成大颗粒而沉淀析出。沉淀的蛋白质保持有天然的构象,调节溶液 pH 偏离蛋白质的等电点,蛋白质可因带电荷而相互排斥,再次溶解。可以利用这一原理,从混合溶液中提取蛋白质。在偏离等电点的 pH 条件下,依据不同蛋白质所带净电荷的性质及电荷量不同,可将混合蛋白质通过电泳的方法分离、纯化。电泳是带电粒子在电场力的作用下,向着与其电性相反的电极移动的现象。蛋白质在电场中的泳动速度与方向,取决于所带电荷的性质、数量及蛋白质分子的大小和形状。带电量大、分子量小的蛋白质泳动速度快,从而达到分离蛋白质的目的。

 知识拓展

电泳技术的发展

1937 年,Tiselius 发现在一个 U 型管的自由溶液中进行血清蛋白电泳,可将血清蛋白分为清蛋白、α_1- 球蛋白、α_2- 球蛋白、β- 球蛋白和 γ- 球蛋白五种。1948 年,Wielamd 和 Kanig 采用滤纸条做载体,进行了纸上电泳。自此,电泳技术逐渐成熟,发展出以滤纸、各种纤维素粉、淀粉凝胶、琼脂和琼脂糖凝胶、醋酸纤维素薄膜、聚丙烯酰胺凝胶等为载体的各种电泳技术,同时结合增染试剂如银氨染色、考马斯亮蓝等材料技术,提高了电泳技术的分辨率。

(二) 蛋白质的亲水胶体性质

蛋白质颗粒表面大多为亲水基团,可吸引水分子,使颗粒表面形成一层水化膜;此外,蛋白质在等电点以外的 pH 环境中颗粒表面带有同种电荷。水化膜和表面带有同种电荷可阻止蛋白质分子聚集,避免蛋白质从溶液中析出,起到稳定的作用,故蛋白质可以溶于水形成稳定的高分子水溶液。如去除蛋白质分子表面电荷和水化膜两个稳定因素,蛋白质极易从溶液中析出而产生沉淀。这就是通过盐析对蛋白质提纯的原理。

蛋白质的分子量多在 1 万至 100 万 Da 之间,其分子颗粒大小在胶体颗粒范围(1~100nm)之内,故蛋白质水溶液具有胶体性质。生物体中,蛋白质与水结合形成胶体系统,如细胞的原生质。

因蛋白质分子颗粒大,不能透过半透膜。利用这一性质可将大分子蛋白质与小分子物质分离。如利用半透膜来分离纯化蛋白质,此方法称为透析。人体的细胞膜、线粒体膜、毛细血管壁等都是半透膜,可使各种蛋白质分布在细胞内外的不同部位,在维持血容量和体液平衡中起着重要的作用。

（三）蛋白质的变性、复性和沉淀

1. **蛋白质的变性和复性**　在某些物理或化学因素作用下，蛋白质特定的空间构象被破坏，从而导致其理化性质改变和生物活性丧失，称为蛋白质的变性。引起变性的化学因素有强酸、强碱、有机溶剂、尿素、去污剂、重金属离子等；物理因素有高热、高压、超声波、紫外线、X射线等。蛋白质变性主要是二硫键和非共价键的破坏，不涉及一级结构氨基酸序列的改变。蛋白质变性后的特点是溶解度降低，易于沉淀，结晶能力消失，黏度增加，生物活性丧失，易被蛋白酶水解等。

大多数蛋白质变性后，空间构象严重破坏，不能恢复其天然状态，称为不可逆性变性；若蛋白质变性程度较轻，去除变性因素，有些可恢复其天然构象和生物活性，称为蛋白质的复性。

蛋白质变性性质在临床被广泛应用，如用乙醇、加热和紫外线进行消毒灭菌。此外，防止蛋白质变性也是有效保存蛋白制剂的必要条件。当制备或保存酶、疫苗、免疫血清等蛋白制剂时应选择适当条件，以防其变性或失去活性。

2. **蛋白质的沉淀**　蛋白质自溶液中析出的现象称为蛋白质的沉淀。蛋白质分子在水溶液中由于颗粒表面同种电荷和水化膜两种因素而不会相互凝聚、沉淀。若用物理或化学方法破坏蛋白质高分子溶液的两个稳定因素，则蛋白质易从溶液中析出而产生沉淀（图2-12）。

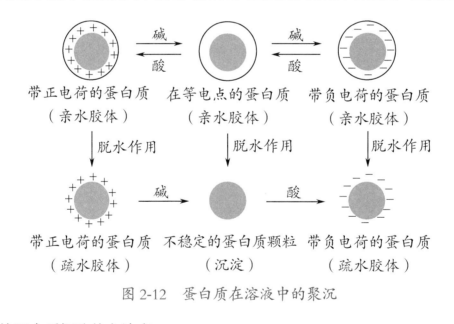

图 2-12　蛋白质在溶液中的聚沉

常用的蛋白质沉淀的方法有：

（1）盐析法：向蛋白质溶液中加入大量中性盐，可以降低蛋白质的溶解度，使蛋白质凝聚而从溶液中析出，这种作用叫作盐析。常用的中性盐有硫酸铵、硫酸钠和氯化钠等。高浓度的中性盐会破坏蛋白质表面的水化膜，中和其表面电荷，使蛋白质颗粒聚集而沉淀。盐析与溶液的pH及离子强度有关。pH越接近等电点，蛋白质越容易沉淀。由于各种蛋白质的溶解度和等电点不同，盐析时所需的pH和离子强度也不相同，如血浆球蛋白在半饱和的硫酸铵溶液中沉淀，而清蛋白则在饱和的硫酸铵溶液中沉淀。因此通过改变溶液的盐浓度和pH可将混合溶液中的蛋白质分离。此法的主要特点是沉淀的蛋白质不变性，因此常用于酶、激素及其他具有生物活性的蛋白质的制备。

（2）有机溶剂沉淀法：在蛋白质溶液中加入一定量的与水互溶的有机溶剂（乙醇、丙酮、甲醇等），有机溶剂与水的亲和力大，能破坏蛋白质表面的水化膜同时也降低溶液的介电常数而影响蛋白质的解离，是常用的蛋白质沉淀方法。此法可引起蛋白质的变性，这与有机溶剂的浓度、作用时间和温度有关。因此，用此法分离制备有生物活性的蛋白质时，应注意控制可引起变性的因素。

（3）重金属盐沉淀法：蛋白质在pH>pI的溶液中呈负离子状态，可与重金属离子（Cu^{2+}、Hg^{2+}、Pb^{2+}、Ag^+等）结合成不溶性蛋白盐而沉淀。临床上抢救误食重金属盐中毒的患者时，给予大量的蛋白质使之生成不溶性沉淀而减少重金属盐离子的吸收。

（4）生物碱试剂沉淀法：蛋白质在pH<pI时带正电荷，可与生物碱试剂（如苦味酸、磷钨酸、磷钼酸、鞣酸、三氯醋酸、磺基水杨酸等）结合成不溶性盐而沉淀。此类反应在实际工作中有许多应用。如临床检验中无蛋白血滤液的制备和中草药注射液中蛋白质检查，以及鞣酸、苦味酸的收敛作用等原理皆以此反应为依据。

（5）加热沉淀：加热可使蛋白质变性，疏水基团暴露，分子水溶性降低而发生沉淀。蛋白质溶液在等电点时加热更易于沉淀，而偏酸或偏碱时加热则不易发生沉淀。

变性的蛋白质易于沉淀，但沉淀的蛋白质不一定变性（如盐析法沉淀）。蛋白质经强酸、强碱作用发生变性后，仍能溶解于强酸或强碱溶液中。可见沉淀的蛋白质不一定变性，变性的蛋白质也不一定沉淀。有些蛋白质溶液的pH调至等电点时，蛋白质会结成絮状的不溶解物，此絮状物仍可溶解于强酸或强碱中。如再加热则絮状物可变成比较坚固的凝块，此凝块不再溶解于强酸和强碱中，这种现象称为蛋白质的凝固作用。凝固是蛋白质变性后进一步发展的不可逆的结果。

（四）蛋白质的紫外线吸收特征及呈色反应

蛋白质分子中含有具共轭双键的酪氨酸和色氨酸残基，在280nm波长处有特征性吸收峰，可利用蛋白质的紫外吸收特性做定量分析。蛋白质分子中的肽键以及氨基酸残基的某些化学基团，可与特定的试剂呈现颜色反应称为蛋白质的呈色反应，这些反应可用于蛋白质的定性、定量分析。

1. 双缩脲反应　分子中含有两个或两个以上氨基甲酰基（—$CONH_2$）的化合物能与碱性硫酸铜溶液作用，形成紫红色的络合物，称为双缩脲反应。蛋白质和多肽分子中的肽键能发生此呈色反应，其颜色的深浅与蛋白质含量成正比。此外，由于氨基酸不呈现此反应，还可以用于检查蛋白质水解程度。临床检验中常用双缩脲法测定血清总蛋白、血浆纤维蛋白原的含量。

2. 茚三酮反应　在弱酸性溶液中，蛋白质分子中游离的α-氨基能与茚三酮反应生成蓝紫色化合物。凡具有氨基、能释放出氨的化合物都有此反应，故该反应可用于蛋白质、多肽和氨基酸的定性、定量分析。

二、蛋白质的分类

蛋白质分子结构复杂、种类繁多,分类方法也有很多。

(一)根据蛋白质的组成成分分类

蛋白质可分为单纯蛋白质和结合蛋白质,单纯蛋白质水解后只产生氨基酸;结合蛋白质是由蛋白质和非蛋白质两部分组成的。非蛋白部分是一些有机或无机化合物,如糖类、脂类、核酸和金属离子等,称为结合蛋白质辅因子。根据辅因子的不同,又可以将其分为糖蛋白、脂蛋白、色蛋白、核蛋白、金属蛋白、磷蛋白等。

(二)根据蛋白质形状和空间构象分类

蛋白质可分为纤维状蛋白质和球状蛋白质。纤维状蛋白质形似纤维,多数为结构蛋白质,较难溶于水,如胶原蛋白、弹性蛋白、角蛋白等。球状蛋白质分子盘曲成球形或椭圆形,多数可溶于水,如免疫球蛋白、肌红蛋白、血红蛋白等。球状蛋白质空间结构比纤维蛋白质更复杂,生物体内的功能蛋白质多属于球状蛋白质。

(三)根据蛋白质功能分类

分为活性蛋白质和非活性蛋白质两类,前者包括酶、蛋白质激素、运输和贮存的蛋白质、运动蛋白质和受体蛋白质,后者包括角蛋白、胶原蛋白等。

第四节　核　酸　化　学

核酸是以核苷酸为基本组成单位的生物信息大分子,具有复杂的结构和重要的功能,是生物遗传的物质基础。核酸的相对分子量很大,一般在几十万至几百万之间。核酸分为脱氧核糖核酸(DNA)和核糖核酸(RNA)。DNA存在于细胞核和线粒体内,是遗传信息的载体;RNA主要存在于细胞质内,参与细胞内遗传信息的表达。病毒的RNA也可作为遗传信息的载体。现代医学的发展离不开对核酸的研究和利用,核酸疫苗应用于病毒、细菌和寄生虫等感染性疾病的防治研究正广泛开展。因此,核酸的研究对医学的发展具有重大意义。

一、核酸的分子组成

(一)核酸的元素组成

组成核酸的基本元素有碳(C)、氢(H)、氧(O)、氮(N)、磷(P);其中P元素是特征元素,含量较多且比较稳定,为9%~10%。

(二)核酸的基本组成成分

核酸在核酸酶的作用下水解成核苷酸,核苷酸是核酸的基本组成单位。核苷酸可进一步水解生成磷酸和核苷,核苷进一步水解生成碱基和戊糖。因此,核苷酸是由碱基、戊糖和磷酸组成。

DNA 的基本组成单位是脱氧核糖核苷酸,RNA 的基本组成单位是核糖核苷酸。

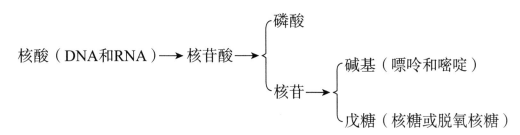

1. 碱基　是含氮的杂环化合物,分为嘌呤碱基与嘧啶碱基两类。常见的嘌呤碱基包括腺嘌呤(A)和鸟嘌呤(G);常见的嘧啶碱基包括胞嘧啶(C)尿嘧啶(U)和胸腺嘧啶(T)。DNA 分子中主要含有 A、G、C、T 四种碱基;RNA 分子中主要含有 A、G、C、U 四种碱基。此外,核酸分子中会出现极少量的稀有碱基,如次黄嘌呤、二氢尿嘧啶等。各种碱基的分子结构见图 2-13。

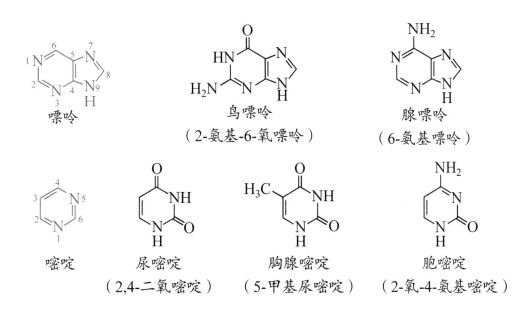

图 2-13　嘧啶与嘌呤碱基结构式

2. 戊糖　核酸中的戊糖有两类,即 D- 核糖和 D-2- 脱氧核糖。D- 核糖存在于 RNA 中,D-2- 脱氧核糖存在于 DNA 中,为区别碱基环中碳原子的编号,戊糖的碳原子编号用 C-1′、C-2′ 等表示(图 2-14)。

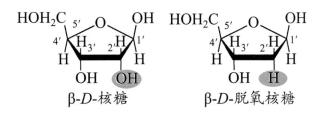

图 2-14　核糖和脱氧核糖结构式

3. 磷酸　核酸分子中的磷酸就是无机磷酸(H_3PO_4),是核酸分子中与戊糖连接的成分。

（三）核酸的基本组成单位——核苷酸

1. 核苷　碱基与核糖或脱氧核糖通过糖苷键形成的化合物称为核苷或脱氧核苷。核糖分子上的 C-1′连接的羟基能够与嘌呤环 N-9 原子或嘧啶环 N-1 原子连接的氢脱水缩合形成糖苷键（图 2-15）。RNA 分子中常见的核苷包括腺苷、鸟苷、尿苷和胞苷；DNA分子中的脱氧核苷包括脱氧腺苷、脱氧鸟苷、脱氧胸苷和脱氧胞苷。

2. 核苷酸　核苷或脱氧核苷 C-5′原子上的羟基与磷酸脱水缩合形成磷酸酯键,由此形成核苷酸或脱氧核苷酸。根据连接的磷酸基团的数目不同核苷酸可分为核苷一磷酸（NMP）、核苷二磷酸（NDP）和核苷三磷酸（NTP）（N 代表 A、G、C、U）；脱氧核苷酸可分为脱氧核苷一磷酸（dNMP）、脱氧核苷二磷酸（dNDP）和脱氧核苷三磷酸（dNTP）（N 代表 A、G、C、T）（图 2-16）。再加上碱基就构成了各种核苷酸的命名,如 GMP 是鸟苷一磷酸,dCDP 是脱氧胞苷二磷酸,ATP 是腺苷三磷酸等。构成 DNA 和 RNA 的基本化学组成比较见表 2-2。

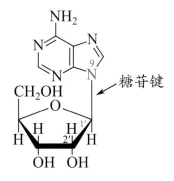

图 2-15　核苷的结构式

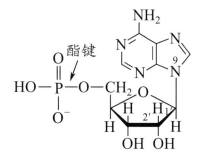

图 2-16　核苷酸的分子结构

表 2-2　DNA 和 RNA 的分子组成

核酸的成分	DNA	RNA
嘌呤碱	腺嘌呤（A）	腺嘌呤（A）
	鸟嘌呤（G）	鸟嘌呤（G）
嘧啶碱	胞嘧啶（C）	胞嘧啶（C）
	胸腺嘧啶（T）	尿嘧啶（U）
戊糖	D-2-脱氧核糖	D-核糖
酸	磷酸	磷酸

二、核酸的分子结构

（一）核酸的一级结构

核酸是由核苷酸聚合而成的生物大分子。核苷酸之间通过一个核苷酸的 C-3′羟基与另一个核苷酸的 C-5′磷酸基脱水形成的化学键（3′, 5′- 磷酸二酯键）彼此连接（图 2-17A），由此构成线性的核酸分子。许多个核苷酸之间通过磷酸二酯键相连，形成的长链状化合物称为多核苷酸链。有游离 5′磷酸的一端称为 5′- 磷酸末端；有游离 3′羟基的一端称为 3′- 羟基末端。核酸的一级结构也就是 5′→ 3′端碱基的排列顺序，即碱基序列。其一级结构表示法及简写方式见图 2-17B 所示。

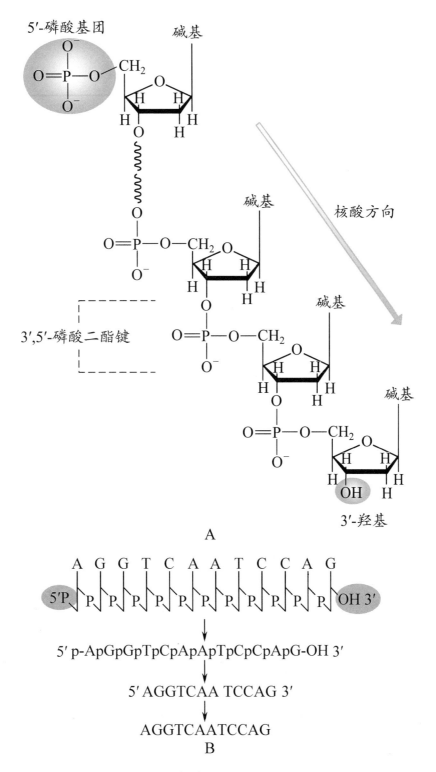

图 2-17　核苷酸的连接方式（A）以及核酸一级结构和简写方式（B）

（二）核酸的空间结构

1. DNA 的空间结构与功能　DNA 的二级结构是双螺旋结构（图 2-18），这是由美国科学家 J.Watson 和英国科学家 F.Crick 于 1953 年提出的。这一发现揭示了生物界遗传性状得以世代相传的分子机制，它不仅解释了当时已知的 DNA 的理化性质，而且还将 DNA 的功能与结构联系起来，奠定了现代生命科学的基础。DNA 双螺旋结构揭示了 DNA 作为遗传信息载体的物质本质，为 DNA 作为复制模板和基因转录模板提供了结构基础。DNA 双螺旋结构的发现被认为是分子生物学发展史上的里程碑。该双螺旋结构的要点主要是：

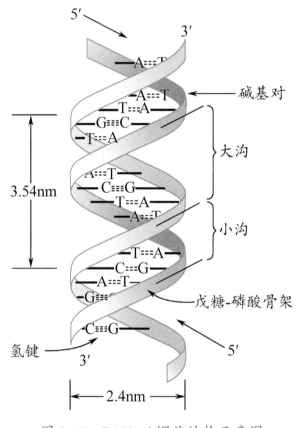

图 2-18　DNA 双螺旋结构示意图

（1）双螺旋 DNA 分子是由两条平行但走向相反（一条链为 5′→3′，另一条链为 3′→5′）的多聚脱氧核苷酸链围绕同一中心轴，以右手螺旋方式形成的双螺旋结构。在该结构表面形成依次相间的大沟与小沟。这些大沟与小沟结构与蛋白质、DNA 之间的相互识别及作用有关。

（2）双螺旋结构的外侧是由磷酸与脱氧核糖组成的亲水性骨架，内侧是疏水的碱基，碱基平面与双螺旋纵向垂直。

（3）两条链同一平面上的碱基形成氢键，使两条链连接在一起。A 与 T 之间形成两个氢键，G 与 C 之间形成三个氢键。

（4）DNA双螺旋结构的横向稳定性靠两条链碱基对间的氢键维系，纵向稳定性则靠碱基平面间的疏水性碱基堆积力维系。氢键和碱基堆积力共同维系着DNA双螺旋结构的稳定，后者的作用更为重要。

（5）双螺旋结构的直径为2.4nm，螺距为3.54nm，每一个螺旋有10.5个碱基对，每两个相邻的碱基对平面之间的垂直距离为0.34nm。

DNA是生物遗传信息的载体，并为基因复制和转录提供了模板。它是生命遗传的物质基础，也是个体生命活动的信息基础。基因是携带遗传信息的DNA片段。DNA具有高度稳定性的特点，用来保持生物体系遗传的相对稳定性。同时，DNA又表现出高度复杂性的特点，它可以发生各种重组和突变，适应环境的变迁，为自然选择提供机会。

2. RNA结构与功能　RNA与DNA一样，在生命活动中发挥着同样重要的作用。与DNA相比，RNA分子比较小，稳定性差，易被核酸酶水解。RNA通常为单链，链内如有碱基互补的区域可形成局部双链区。

体内RNA种类繁多，主要有信使RNA（mRNA）、转运RNA（tRNA）、核糖体RNA（rRNA），还有多种小RNA（sRNA）。

（1）信使RNA（mRNA）：mRNA占细胞总RNA的2%~5%，大小相差很大，不稳定，寿命很短。mRNA在细胞核中合成后转移到细胞质，mRNA的功能是作为蛋白质多肽链合成的模板。原核生物和真核生物的mRNA结构不同，现介绍真核生物成熟mRNA的结构（图2-19）。

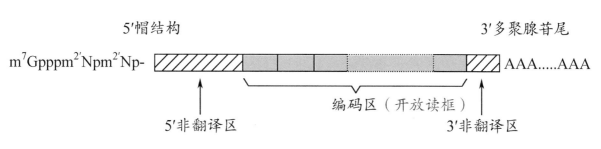

图 2-19　真核生物 mRNA 的结构示意图

真核生物成熟mRNA的5′-端有一个甲基化的鸟嘌呤核苷三磷酸，即$m^7GpppNm$的帽子结构；在mRNA的3′-端，有一个长度为30~200个核苷酸的多聚腺苷酸（poly A）结构，称为多聚腺苷酸尾。"帽"和"尾"都是mRNA转录完成后添加上去的，两者中间是基因编码区，存有大量遗传信息。

5′-帽子结构有助于维持mRNA的稳定性，协同mRNA从细胞核向细胞质的转运，以及在蛋白质生物合成中促进核糖体和翻译起始因子的结合。3′-多聚腺苷酸尾结构和5′-帽子结构共同负责mRNA从细胞核向细胞质的转运、维持mRNA的稳定性以及翻译起始的调控。

（2）转运RNA（tRNA）：已完成了一级结构测定的100多种转运RNA都是由74~95个核苷酸组成的，tRNA占细胞总RNA的15%。

tRNA含有多种稀有碱基，tRNA分子中的稀有碱基占所有碱基的10%~20%。

tRNA的二级结构为"三叶草"型，tRNA的核苷酸存在着一些互补配对的区域，可以形成局部的双螺旋，呈茎状；中间不能配对的部分则膨出形成环状结构，这些茎环结构也称发夹结构。发夹结构的存在使得tRNA的二级结构形似三叶草（图2-20A）。位于两侧的发夹结构以含有稀有碱基为特征。位于其上下的则分别是氨基酸臂和反密码子环。氨基酸臂的3′端都有"CCA-OH"的结构，是结合氨基酸的部位。反密码子环由7~9个核苷酸组成，居中的三个单核苷酸构成反密码子，可以识别mRNA上的密码子。

tRNA的三级结构为倒"L"形，氨基酸臂和反密码子环分别位于倒"L"形的两端，L形的拐角处是DHU环和TψC环（图2-20B）。

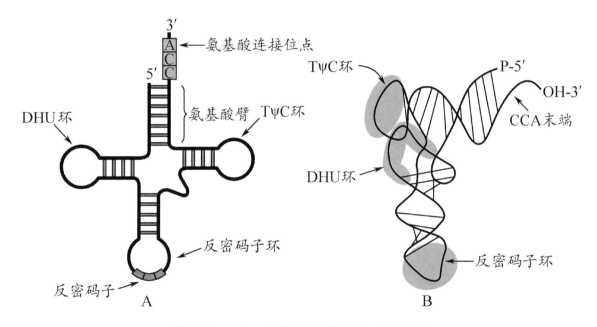

图2-20 tRNA的二级结构和三级结构

A. tRNA的二级结构形似三叶草；B. tRNA的三级结构是一个倒L形的形状。

tRNA的功能是在蛋白质合成过程中作为氨基酸的运输工具，将氨基酸运送到核糖体中，通过反密码环上的反密码子依靠碱基互补的方式与mRNA的密码子相识别，也保证了运送氨基酸的正确性。

（3）核糖体RNA（rRNA）：rRNA是细胞内含量最多的RNA，约占RNA总量的80%以上。rRNA与核糖体蛋白共同构成核糖体，它为蛋白质生物合成所需要的mRNA、tRNA以及多种蛋白因子提供了相互结合和相互作用的空间环境。

三、某些重要的游离核苷酸及其衍生物

核苷酸除了构成核酸外,在体内具有许多重要功能。如 NTP 和 dNTP 是高能磷酸化合物,含两个高能磷酸酯键,水解时释放出较多的能量。它们不仅是核酸合成的原料,而且在多种物质的合成中起活化或供能的作用,其中 ATP 是体内能量的直接来源和利用形式,ATP 含有两个高能磷酸键,其化学结构见图 2-21;UTP 参与糖原合成;CTP 参与磷脂合成。此外,许多辅酶成分中含有核苷酸,如 AMP 是 NAD$^+$、NADP$^+$、FAD、辅酶 A 等的组成成分;某些核苷酸及衍生物是重要的调节因子,如环腺苷酸(cAMP)与环鸟苷酸(cGMP)是细胞信号转导过程中的第二信使,具有重要的调控作用。

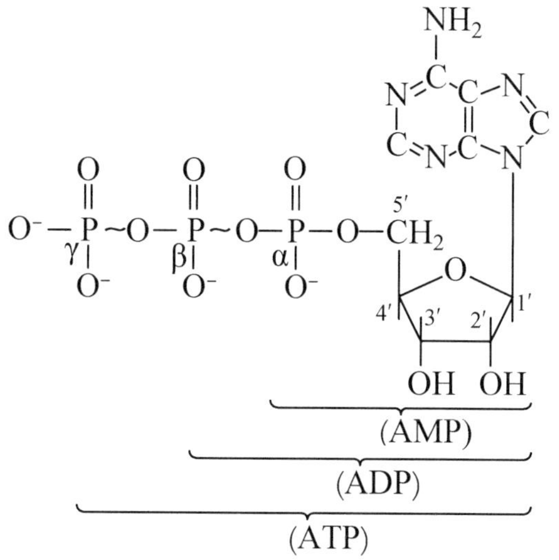

图 2-21　AMP、ADP、ATP 的结构示意图

四、核酸的理化性质

(一)核酸的一般性质

核酸是两性电解质,含有酸性的磷酸基和碱性的碱基。因磷酸基的酸性较强,核酸分子通常表现为较强的酸性。可用电泳和离子交换分离纯化核酸。在碱性条件下,RNA 不稳定,可在室温下水解。利用这个性质可以测定 RNA 的碱基组成,也可清除 DNA 溶液中混杂的 RNA。

核酸多是线性的大分子,由于 DNA 分子细长,其在溶液中的黏度很高。RNA 分子比 DNA 短,在溶液中的黏度低于 DNA。

(二)核酸的紫外线吸收

核酸分子中的嘌呤碱和嘧啶碱都含有共轭双键,所以核酸具有紫外吸收的特征。在中性条件下,其最大吸收峰在 260nm 附近。

如何鉴定核酸样品的纯度

核酸在 260nm 波长处有最大吸收峰,而蛋白质在 280nm 波长处有最大吸收峰,可利用溶液 260nm 和 280nm 处吸光度(A)的比值(A_{260}/A_{280})来估计核酸的纯度。纯 DNA 样品的 A_{260}/A_{280} 应为 1.8,而纯 RNA 样品的 A_{260}/A_{280} 应为 2.0。若有蛋白质和酚的污染,比值下降。

(三)DNA 的变性与复性

1. 变性 DNA 变性是指在某些理化因素的作用下,DNA 双链互补碱基对之间的氢键发生断裂,使双链 DNA 解开为单链的过程。引起 DNA 变性的因素有加热、有机溶剂、酸、碱、尿素和胺等。

DNA 的变性可使其理化性质发生改变,如黏度下降和紫外吸收值增加等。在 DNA 解链过程中由于有更多的共轭双键得以暴露,使得 DNA 在 260nm 处的吸光度增高,称为增色效应(图 2-22)。增色效应是监测 DNA 分子是否发生变性的最常用指标。

实验室最常用的 DNA 变性方法是加热。如果在连续缓慢加热的过程中以温度相对于 A_{260} 作图,所得的曲线称为解链曲线(图 2-23)。从曲线中可以看出,DNA 从开始解链到完全解链,是在一个相当窄的温度范围内完成的。在 DNA 解链过程中,A_{260} 的值达到光吸收变化最大值的一半时所对应的温度称为解链温度或融解温度(T_m)。在此温度时,50% 的 DNA 双链被打开。T_m 值主要与 DNA 长度以及碱基的 GC 含量有关,长度越大,T_m 值越高;GC 含量越高,T_m 值越高。

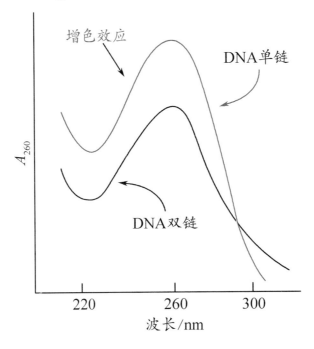

图 2-22 DNA 变性的增色效应

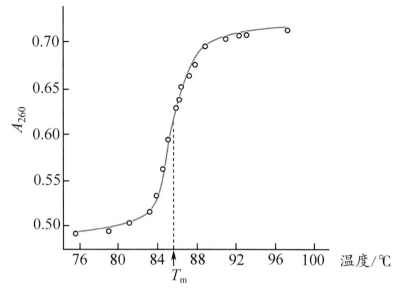

图 2-23　DNA 变性的解链曲线

2. 复性　当变性条件缓慢地除去后,两条解离的互补链可重新互补配对,恢复原来的双螺旋结构。这一现象称为复性。例如,热变性的 DNA 经缓慢冷却后可以复性,这一过程也称为退火。但是,将热变性的 DNA 迅速冷却至 4℃以下,两条解离的互补链还来不及形成双链,所以 DNA 不能发生复性。可利用这一特性保持 DNA 的变性状态。

3. 核酸的分子杂交　核酸分子杂交是指由不同来源的 DNA 单链、RNA 单链通过碱基配对关系结合形成杂化双链的过程(图 2-23)。核酸的分子杂交可发生在DNA-DNA、RNA-RNA、DNA-RNA 之间。核酸分子杂交的基础是 DNA 的热变性与复性。

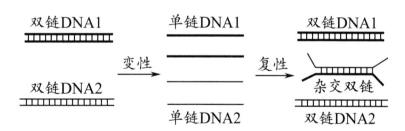

图 2-23　核酸分子复性与杂交示意图

核酸分子杂交技术已广泛应用于核酸结构及功能的研究、遗传病的诊断、肿瘤病因学的研究、病原体的检测等医学领域,是核酸序列检测的常用方法之一。

对天然或人工合成的 DNA 或 RNA 片段进行放射性核素或荧光标记,做成探针,经杂交后检测放射性核素或荧光物质的位置,寻找与探针有互补关系的 DNA 或 RNA 可用于测定基因拷贝数、基因定位、确定生物的遗传进化关系等。

DNA 指纹技术

20 世纪 80 年代,英国遗传学家 Jefferys 等将分离的人源小卫星 DNA 用作基因探针,同人体核 DNA 的酶切片段杂交,获得了长度不一的杂交带图纹。这种图纹几乎不会出现两个人完全相同,具有高度特异性,因其如同人的指纹一样具有独特性,故称为 "DNA 指纹"。DNA 指纹的图像可通过 X 线胶片呈现,这就好像商品的条形码。由于 DNA 指纹图谱具有高度的变异性和稳定的遗传性,成为目前最具吸引力的遗传标记。

章末小结

蛋白质的元素组成主要有碳、氢、氧、氮,各种蛋白质的含氮量平均为 16%。蛋白质的基本组成单位是氨基酸,蛋白质和氨基酸都有两性解离性质。蛋白质分子中氨基酸的连接主键是肽键。一级结构是蛋白质的基本结构,二级、三级、四级结构称为空间结构。在某些物理或化学因素作用下,蛋白质特定的空间构象被破坏,从而导致其理化性质改变和生物活性丧失,称为蛋白质的变性。蛋白质自溶液中析出的现象称为蛋白质的沉淀。

核酸分为脱氧核糖核酸(DNA)和核糖核酸(RNA)。核苷酸是构成核酸的基本组成单位。核苷酸可进一步水解生成碱基、戊糖和磷酸。一个核苷酸与另一个核苷酸通过 3′, 5′- 磷酸二酯键连接。DNA 的二级结构主要是双螺旋结构。体内 RNA 主要有信使 RNA(mRNA)、转运 RNA(tRNA)、核糖体 RNA(rRNA),核酸是两性电解质,有紫外线吸收性质,外界条件改变会使核酸变性与复性。

(姜 竹)

思考与练习

一、名词解释

1. 肽键　　2. 蛋白质变性　　3. 等电点　　4. DNA 变性　　5. T_m　　6. DNA 复性

二、填空题

1. 在各种蛋白质中含量相近的元素是_____。

2. 蛋白质的元素组成主要有_____、_____、_____和_____。

3. 组成人体蛋白质的氨基酸均属于_____型氨基酸,除_____外。

4. 核酸的基本组成单位是_____。

5. 核酸的一级结构是指多核苷酸链中_____的排列顺序，也是_____的排列顺序。

三、简答题

1. 什么是蛋白质的一、二、三、四级结构？维持各级结构的化学键与作用力是什么？

2. 举例说明蛋白质一级结构、空间结构与功能的关系。

3. 比较DNA与RNA分子组成的异同点。

4. 试述DNA双螺旋结构的要点。

第三章 | 酶

03章 数字内容

生物体内的新陈代谢过程是通过有序的、连续不断的、各种各样的化学反应来进行。在体内，各种反应在温和的条件下就能高效和特异地进行，这是因为生物体内存在着一类极为重要的生物催化剂——酶。体内几乎所有的化学反应都是在酶的催化下完成的。酶在生物体物质代谢过程中发挥着重要的作用，若某些酶缺失或活性改变，均可导致体内物质代谢紊乱，甚至发生疾病。临床上还可通过测定某些酶的活性以协助诊断有关疾病。因此，酶与医学的关系十分密切。

第一节 酶的概述

一、酶的概念

酶（E）是由活细胞产生的具有催化作用的蛋白质，是最重要的一类生物催化剂。体内物质代谢反应几乎都是由酶所催化，如果没有酶就没有生命。酶所催化的反应称为酶促反应，被酶所催化的物质称为底物（S），生成的物质称为产物（P），酶所具有的催化能力称为酶活性，酶失去催化能力称为酶失活。

二、酶促反应的特点

酶与一般催化剂相比有相同的性质,即只能催化热力学上允许的化学反应,只能加速反应的进程,而不会改变反应的平衡点。在反应前后没有质和量的改变。酶加速化学反应的机制是酶能降低反应的活化能。而酶作为生物催化剂,又具有其自身的特点。

(一)高度的催化效率

酶的催化效率极高,酶促反应速度比无催化剂反应速度高 $10^8 \sim 10^{20}$ 倍,比一般催化剂高 $10^7 \sim 10^{13}$ 倍。酶的催化效率高是因为酶比一般催化剂能更有效地降低酶促反应的活化能,显著提高酶促反应速度(图3-1)。

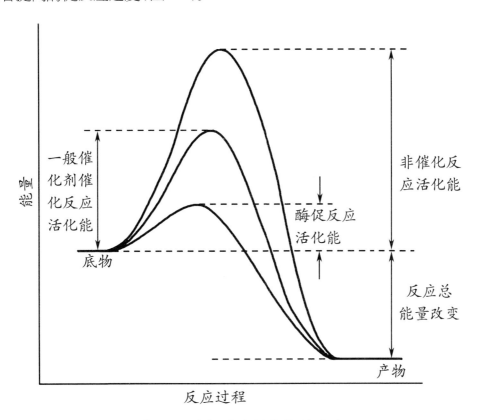

图 3-1　酶促反应活化能的改变

(二)高度的特异性(专一性)

与一般催化剂不同,酶对其所催化的底物具有较严格的选择性。即一种酶仅作用于一种或一类化合物,或一定的化学键,催化一定的化学反应并产生一定的产物,酶的这种特性称为酶的特异性或专一性。根据酶对底物选择的特点不同,酶的特异性可分为以下三种类型:

1. 绝对特异性　有的酶只作用于特定结构的底物分子,进行一种专一的反应,生成一种特定结构的产物,这种特异性称为绝对特异性。如脲酶只能催化尿素水解生成二氧化碳和氨,而对甲基尿素无催化作用。

2. 相对特异性　有些酶对底物的专一性不是依据整个底物分子结构，而是依据底物分子中的特定的化学键或特定的基团，因而可以作用于含有相同化学键或化学基团的一类化合物，这种特异性称为相对特异性。如脂肪酶既能催化脂肪水解又能催化酯类物质水解。

3. 立体异构特异性　有些底物分子存在同分异构体，对于这类底物来说，一种酶只能作用于该底物立体异构的一种形式，对其他的异构体无催化作用，酶的这种对异构体的选择性称为立体异构特异性。如 L-乳酸脱氢酶只催化 L-乳酸脱氢生成丙酮酸，对 D-乳酸无催化能力。

（三）高度的不稳定性

酶的化学本质是蛋白质，因此强酸、强碱、高温、高压、有机溶剂、重金属盐、紫外线、剧烈震荡等任何使蛋白质变性的物理或化学因素都可使酶蛋白变性，从而使酶失去活性。所以，在保存酶制品和测定酶活性时应避免上述因素的影响。

（四）酶活性的可调节性

酶的催化活性受多种因素的调控而发生改变，其方式有多种，有的可提高酶的活性，有的可抑制酶的活性，从而使体内各种化学反应有条不紊、协调地进行，以适应不断变化的内、外环境和生命活动所需。

第二节　酶的结构与功能

一、酶的分子组成

根据酶的化学组成可将酶分为单纯酶和结合酶两大类。

（一）单纯酶

单纯酶是仅由氨基酸残基构成的酶，即属于单纯蛋白质的酶，如淀粉酶、脂肪酶、蛋白酶等水解酶。其催化活性取决于蛋白质的分子结构。

（二）结合酶

结合酶是由蛋白质和非蛋白质两部分组成的酶，即属于结合蛋白质的酶。前者称为酶蛋白，后者称为辅因子，两者结合形成的复合物称为结合酶（全酶）。酶蛋白或辅因子单独存在时均无活性，只有结合在一起构成全酶才有催化活性。生物体内大多数酶都是结合酶。

$$酶蛋白　+　辅因子　=　全酶（结合酶）$$
$$（无催化活性）（无催化活性）　（有催化活性）$$

根据辅因子的化学成分，可将其分为两类，一类是金属离子（最常见），如 K^+、Mg^{2+}、Zn^{2+} 等；另一类是小分子有机化合物，如 B 族维生素及其衍生物等。根据辅因子与酶蛋白结合的牢固程度不同又可将其分为辅酶和辅基。其中，与酶蛋白结合疏松，可用透析或超滤等方法使两者分开的称为辅酶；与酶蛋白结合紧密，不能用透析或超滤等方法使两者分开的称为辅基。体内酶蛋白的种类很多，但酶的辅因子种类并不多，所以一种辅因子可与不同的酶蛋白结合形成多种结合酶，而一种酶蛋白只能与一种辅因子结合形成一种结合酶。由此可见，酶蛋白决定反应的特异性，而辅因子决定反应的类型和性质，在酶促反应中起着传递电子、原子和化学基团的作用。

二、酶的活性中心与必需基团

酶的分子很大，而酶分子中存在的各种化学基团并不一定都与酶的活性有关。与酶活性密切相关的化学基团称为酶的必需基团。这些必需基团在一级结构上可能相距较远，但在空间结构上却彼此靠近，组成具有特定空间结构的区域，能与底物特异地结合并将底物转化为产物，起催化中心的作用，这一区域称为酶的活性中心。对于结合酶来说，辅酶或辅基也参与酶活性中心的组成。

酶活性中心内的必需基团有两种：一种是结合基团，其作用是能识别底物，并与底物相结合形成酶-底物复合物；另一种是催化基团，其作用是影响底物中某些化学键的稳定性，催化底物发生化学反应，并使之转化为产物。活性中心内的必需基团有的可同时具有这两方面的功能。还有一些必需基团虽然不参与活性中心的组成，但为维持酶活性中心特有的空间构象所必需，被称为酶活性中心外的必需基团（图3-2）。

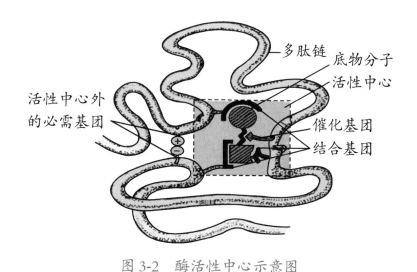

图 3-2　酶活性中心示意图

三、酶原与酶原的激活

大多数酶在细胞内合成后即有催化活性，但有些分泌性的蛋白酶在细胞内合成或初分泌时是一种无活性的酶前体，需要在一定条件下才能转变为有活性的酶。这种无活性的酶的前体称为酶原，如凝血酶原、胰蛋白酶原等。

在一定条件下,无活性的酶原转变为有活性的酶的过程称为酶原的激活。酶原激活的实质是去除一些抑制性的肽段,经变构形成或暴露酶的活性中心的过程。例如胰蛋白酶原在小肠受肠激酶的催化,将其 N 端一个六肽水解掉,胰蛋白酶原分子结构发生改变,形成酶的活性中心,使无活性的胰蛋白酶原激活成为有催化活性的胰蛋白酶(图 3-3)。

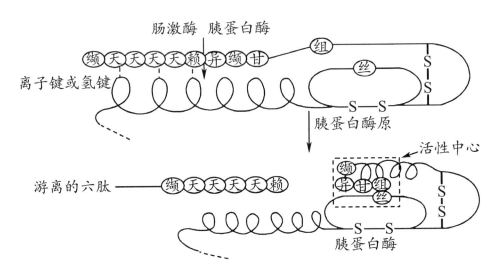

图 3-3　胰蛋白酶原的激活

酶原的存在与酶原的激活具有重要的生理意义。一方面可以避免细胞产生的蛋白酶对细胞自身消化,另一方面可以使酶原在特定的部位和环境中受到激活并发挥其生理作用,保证体内物质代谢正常进行。如果酶原的激活过程发生异常,将导致一系列疾病的发生。例如胰蛋白酶原在未进入小肠时就被激活,激活的胰蛋白酶将水解自身的胰腺细胞,使胰腺出血、肿胀而导致出血性胰腺炎的发生。另外,酶原还可看作酶的贮存形式。在正常情况下,血浆中许多凝血因子基本上是以无活性的酶原形式存在,当出血时,无活性的酶原就能转变为有活性的酶,并发挥其生理作用,激发血液凝固系统进行止血。

四、同 工 酶

同工酶是指催化相同的化学反应,但酶蛋白的分子结构、理化性质和免疫学性质不同的一组酶。它们可以存在于生物体的同一种属或同一个体的不同组织细胞中,甚至在同一组织或同一细胞的不同细胞器中,在代谢调节上起着重要的作用。现已发现有几百种同工酶,其中人们研究最多并在临床检验中应用最广泛的是乳酸脱氢酶(LDH)同工酶和肌酸激酶(CK)同工酶。

乳酸脱氢酶是由 H 亚基和 M 亚基组成的四聚体。这两种亚基以不同的比例组成五种同工酶(图 3-4):LDH_1(H_4)、LDH_2(H_3M_1)、LDH_3(H_2M_2)、LDH_4(H_1M_3)和 LDH_5(M_4)。

由于分子组成上的差异,五种同工酶具有不同的电泳速度,通常用电泳法可把五种 LDH 同工酶分开,其中 LDH_1 向正极泳动速度最快,而 LDH_5 泳动速度最慢。LDH 同工酶在各组织器官中的分布与含量不同,在心肌中以 LDH_1 活性最高,骨骼肌及肝中以 LDH_5 活性最高。

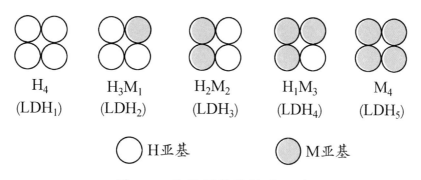

图 3-4　乳酸脱氢酶的同工酶

肌酸激酶是由 M 亚基和 B 亚基组成的二聚体,共有三种同工酶。CK_1(BB)主要存在于脑组织,CK_2(MB)主要存在于心肌,CK_3(MM)主要存在于骨骼肌。

当相关组织细胞发生病变时,会有特异的同工酶释放入血,使血清中同工酶谱发生变化,通过测定血清中同工酶的活性有助于某些疾病的诊断和治疗。如急性心肌梗死患者 LDH_1、CK_2 明显升高,急性肝炎患者 LDH_5 明显升高、脑损伤患者 CK_1 明显升高。所以,临床上血清中同工酶活性的测定有助于某些疾病的诊断、预防和治疗。

五、酶作用的基本原理

（一）降低反应的活化能

反应物从初始态转变为活化态所需的能量称为活化能。酶的催化效率极高是因为酶比一般催化剂能更有效地降低反应的活化能,活化能降低,酶促反应速度则大大提高。

（二）中间产物学说

中间产物学说认为酶在发挥催化作用之前,必须先与底物(S)结合形成酶-底物复合物(ES),然后再分解为产物(P)并释放出酶。许多实验证明了 ES 复合物的存在。释放的酶又可与其他底物结合继续发挥其催化功能。

（三）诱导契合学说

诱导契合学说提出,当底物分子和酶的活性中心接触时,其结构相互诱导,相互变形和相互适应,形成与底物完全匹配的活性中心构象,最终相互结合形成酶-底物复合物(图 3-5)。该学说认为酶表面并没有一种与底物互补的固定形状,而只是由于与底物的相互诱导才形成了互补形状。

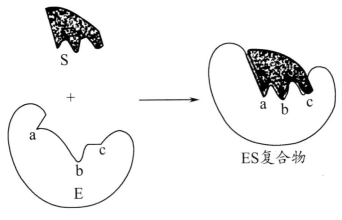

图 3-5　诱导契合学说示意图

第三节　影响酶促反应速度的因素

　导入案例

　　患者,男性,28 岁,菜农。因腹痛 5h,呼吸困难,抽搐 1h 急诊入院。上午在菜地喷洒杀虫药 1605 时,未按操作规程工作,时有药液溅身。中午感觉头晕、恶心、轻度腹痛,未更衣及清洗即卧床休息。此后腹痛急剧,不时呕吐,出汗较多。来院前呼吸急促,口鼻有大量分泌物,两眼上翻,四肢抽搐。入院时神志不清,呼吸困难,口唇青紫,两侧瞳孔极度缩小,颈胸部肌束颤动,两肺可闻湿啰音,大小便失禁。

　　请思考:1.该患者的发病机制是什么?

　　　　　　2.临床该如何治疗?

　　有关酶活性的研究是以测定酶促反应的速度为依据的。酶促反应的速度可以用单位时间内底物的减少量或产物的生成量来表示。酶促反应的速度受多种因素的影响,主要包括酶浓度、底物浓度、温度、酸碱度、激活剂和抑制剂等因素。在研究某一因素对酶促反应速度的影响时,应保持整个反应体系中的其他因素不变,并保持严格的反应初速度条件。了解影响酶促反应速度的各种因素,对酶活性测定、疾病的诊断和治疗等都有指导意义。

一、酶浓度对酶促反应速度的影响

　　当底物浓度大大超过酶浓度,其他条件固定的情况下,酶促反应速度与酶浓度变化成正比例关系,作图呈直线(图 3-6)。

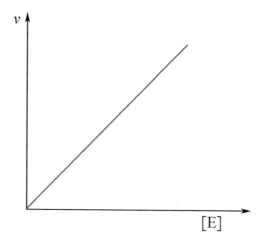

图 3-6　酶浓度对酶促反应速度的影响

二、底物浓度对酶促反应速度的影响

在酶浓度等其他因素不变的情况下,底物浓度对反应速度的影响作图呈矩形双曲线关系(图 3-7)。由图可知在低底物浓度时,反应速度与底物浓度成正比。随着底物浓度的逐渐增加,酶的活性中心逐渐达到饱和,反应速度的增幅下降,反应速度与底物浓度之间不再是正比关系。底物浓度达到一定值时,几乎所有的酶都已经与底物结合,酶的活性中心已经被底物饱和,反应速度达到最大值(V_{max}),此时再增加底物浓度,反应速度不再增加。

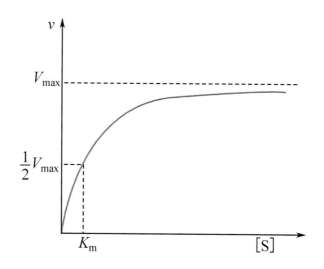

图 3-7　底物浓度对酶促反应速度的影响

米 - 曼氏方程式是反映反应速度与底物浓度之间关系的数学方程式,简称米氏方程式。

$$v = \frac{V_{max}[S]}{K_{m} + [S]}$$

其中 V_{max} 为最大反应速度，[S]是底物浓度，K_m 为米氏常数，v 是不同[S]时的反应速度。当 $v=V_{max}/2$ 时，由米氏方程式可推算出 $K_m=[S]$，即 K_m 值等于酶促反应速度为最大反应速度一半时的底物浓度。

米氏常数在酶学研究中有重要意义：

1. K_m 值是酶的特征性常数之一　K_m 值只与酶的性质有关，与酶浓度无关。不同的酶有不同的 K_m 值。

2. K_m 值可用来表示酶对底物的亲和力　K_m 值越小，v 越大，酶与底物的亲和力越大；反之，K_m 值越大，v 越小，酶与底物的亲和力越小。

3. K_m 值作为常数只是对一定的底物，一定的 pH，一定的温度而言　测定 K_m 可以作为鉴别酶的一种手段，但必须是在指定的实验条件下。一种酶有几种不同的底物时，其 K_m 值也不相同，K_m 值最小的底物称为该酶的天然底物或最适底物。

三、温度对酶促反应速度的影响

酶的化学本质是蛋白质，温度对酶促反应速度具有双重影响。当温度比较低时，酶促反应速度随着温度升高而加快，但当温度升高到一定程度时，酶蛋白开始发生变性，继续升高温度，酶蛋白继续发生变性并丧失生物学活性，酶促反应速度不再加快反而减慢。故温度对酶促反应速度作图呈钟形曲线。酶促反应速度最大时的温度称为酶的最适温度（图 3-8）。酶的最适温度不是酶的特征性常数，与反应时间有关。

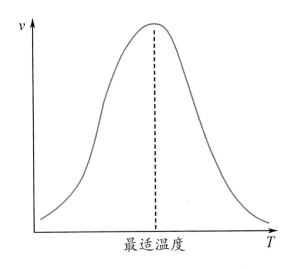

图 3-8　温度对酶促反应速度的影响

大多数温血动物组织中酶的最适温度为 35~40℃（37℃左右，接近体温）。当温度升高到 60℃时，大多数酶开始发生变性，超过 80℃时，绝大多数酶的变性已不可逆。

低温可使酶活性降低但不变性，温度回升时活性又可恢复，所以酶制品应该低温保存。

四、pH 对酶促反应速度的影响

酶促反应速度受环境 pH 的影响。pH 既能影响酶蛋白的解离，也能影响底物与辅因子的解离，从而影响 ES 的形成，导致酶促反应速度的改变。不同 pH 条件下，酶促反应的速度也不同。酶具有最大催化活性时的 pH 称为酶的最适 pH（图 3-9）。溶液 pH 高于或低于酶的最适 pH 时，酶的活性均减低；偏离最适 pH 越远，酶的活性就越低；当偏离至一定程度时，酶会变性失活，故 pH 对酶促反应速度作图呈钟形曲线。酶的最适 pH 不是酶的特征性常数，与底物浓度、缓冲液的种类、酶的纯度等因素有关。

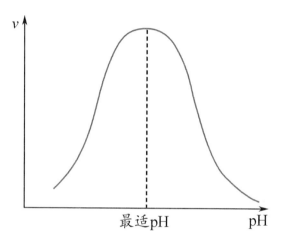

图 3-9　pH 对酶促反应速度的影响

大多数动物体内酶的最适 pH 为 6.5~8.0（7.40 左右，接近中性）。但也有例外，如胃蛋白酶的最适 pH 为 1.8，肝精氨酸酶的最适 pH 为 9.8。在测定酶的活性时，应选用适宜的缓冲液以保持酶活性的相对恒定。

五、激活剂对酶促反应速度的影响

凡能使酶由无活性变为有活性或使酶活性提高的物质称为酶的激活剂。根据酶对激活剂的依赖程度不同可将激活剂分为必需激活剂和非必需激活剂。必需激活剂对酶促反应是不可缺少的，缺乏则酶促反应将不能进行，多为金属离子，如 Mg^{2+}、K^+ 等。非必需激活剂存在时可增加酶的活性，没有这类激活剂时，酶依旧有活性，如胆汁酸盐是脂肪酶的非必需激活剂。

六、抑制剂对酶促反应速度的影响

凡能使酶的催化活性下降而不引起酶蛋白变性的物质称为酶的抑制剂。强酸、强碱等造成酶变性失活不属于酶的抑制剂。抑制剂通常与酶的活性中心内或外的必需基团特异地结合而导致酶活性降低或丧失,但除去抑制剂后,酶又可恢复其催化活性。通常根据抑制剂与酶结合的紧密程度不同,可将抑制作用分为不可逆性抑制作用和可逆性抑制作用两类。

（一）不可逆性抑制作用

不可逆性抑制作用的抑制剂以共价键与酶活性中心上的必需基团结合,使酶丧失活性。因结合非常牢固不能用透析或超滤等简单的物理学方法使两者分开,所以这类抑制剂使酶活性受抑制后,必须用某些药物才能恢复酶活性（图 3-10）。

例如,胆碱酯酶能催化乙酰胆碱水解生成胆碱和乙酸。农药有机磷杀虫剂（敌百虫、敌敌畏、农药 1605,1059 等）能专一地与胆碱酯酶活性中心结合,使酶失去活性,不能催化乙酰胆碱水解,造成副交感神经过度兴奋,表现出恶心、呕吐、多汗、肌肉震颤、瞳孔缩小、惊厥等一系列中毒症状。临床上可用解磷定来治疗有机磷农药中毒。

某些重金属离子（如 As^{3+}、Hg^{2+}、Ag^+ 等）可与酶分子的巯基（—SH）结合,使含巯基的酶失去活性。化学毒气路易氏气是一种含砷化合物,能抑制体内巯基酶失活而引起机体中毒。重金属盐及含砷化合物引起的巯基酶中毒可用二巯丙醇（BAL）解毒。

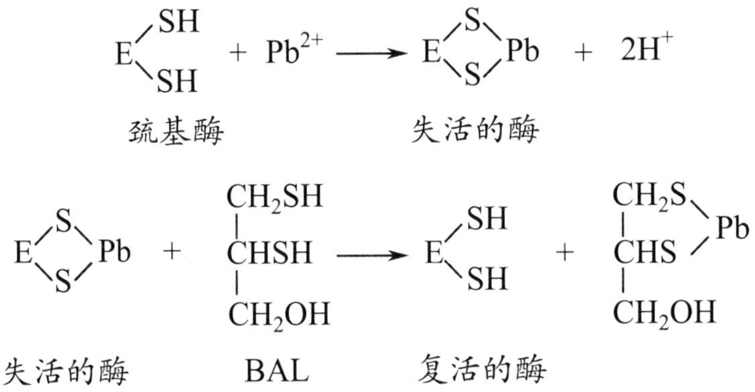

图 3-10　酶的不可逆抑制作用

（二）可逆性抑制作用

可逆性抑制作用的抑制剂以非共价键与酶或酶-底物复合物可逆地结合,使酶活性下降。因结合较松弛,可用透析或超滤等物理学方法把酶与抑制剂分开,从而使酶恢复活性。可逆性抑制作用又可分为竞争性抑制作用和非竞争性抑制作用两类。

1. 竞争性抑制　竞争性抑制中抑制剂在化学结构上与底物结构相似,与底物竞争酶的活性中心,从而阻碍酶与底物结合,酶促反应速度减慢,这种抑制作用称为竞争性抑制。由于抑制剂、底物与酶的结合均可逆,因此,抑制作用的强弱取决于抑制剂与底物的相对浓度及两者与酶的亲和力。在抑制剂浓度不变的情况下,增加底物浓度能减弱或消除抑制剂的抑制作用。

例如,丙二酸、苹果酸及草酰乙酸和琥珀酸的结构相似,是琥珀酸脱氢酶的竞争性抑制剂。酶的竞争性抑制有重要的临床应用意义,如磺胺类药物抑制细菌的作用就是根据这一原理。细菌不能直接利用环境中的叶酸,只能以对氨基苯甲酸、二氢蝶呤及谷氨酸为原料,在细菌体内二氢叶酸合成酶的催化下合成二氢叶酸,继而形成四氢叶酸,促进细菌核酸合成。磺胺类药的化学结构与对氨基苯甲酸结构类似,故能与对氨基苯甲酸竞争细菌体内二氢叶酸合成酶的活性中心,该酶的活性受抑制,四氢叶酸的合成减少,使细菌合成核酸受阻,从而抑制细菌的生长繁殖。人类能直接利用食物中的叶酸,所以不受磺胺类药物的影响。根据竞争性抑制的特点,在使用磺胺类药物时,采用首次剂量加倍的方法,以保持血液中药物的有效浓度,可更好起到竞争性抑菌效果。

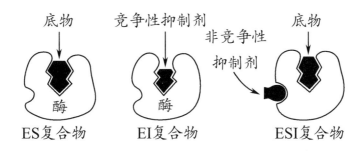

$$H_2N-\boxed{}-COOH$$
PABA

$$H_2N-\boxed{}-SO_2NHR$$
磺胺类药

2. 非竞争性抑制 非竞争性抑制是指抑制剂与底物结构不相似,不能与底物竞争酶的活性中心,而是与酶的活性中心外的必需基团结合,不影响酶与底物的结合,底物与抑制剂之间无竞争关系,这种抑制作用称为非竞争性抑制。抑制作用的强弱取决于抑制剂本身浓度,不能通过增加底物浓度的方法消除抑制作用。竞争性抑制作用与非竞争性抑制作用见图3-11。

图 3-11 竞争性抑制作用与非竞争性抑制作用示意图

第四节 酶的分类、命名及医学上的应用

一、酶 的 分 类

根据国际酶学委员会的规定,按酶促反应的性质将酶分为六大类:

1. 氧化还原酶类 指催化底物进行氧化还原反应的酶类。如乳酸脱氢酶、细胞色素氧化酶等。

2. 转移酶类 指催化底物之间进行某些基团的转移或交换的酶类。如转氨酶、甲基转移酶等。

3. 水解酶类 指催化底物发生水解反应的酶类。如淀粉酶、蛋白酶等。

4. 裂解酶类 指催化一个底物分解为两分子产物或其逆反应的酶类。如柠檬酸合

成酶、醛缩酶等。

5. 异构酶类　指催化各种同分异构体之间相互转化的酶类。如磷酸葡糖变位酶、顺乌头酸酶等。

6. 合成酶类（连接酶类）　指催化两分子底物合成一分子产物，同时还伴有 ATP 消耗的酶类。如谷氨酰胺合成酶、羧化酶等。

二、酶 的 命 名

酶的命名有习惯命名法和系统命名法两种方法。

（一）习惯命名法

根据酶所催化的底物或反应类型来命名的方法称为习惯命名法。如催化淀粉水解的酶称为淀粉酶，催化脱氢反应的酶称为脱氢酶。有些酶的命名除了上述两项原则外，还要加上酶的来源，如唾液淀粉酶等。

习惯命名法简单、易懂，应用历史较长，但缺乏系统性，常常出现一酶数名或一名数酶的现象。因此国际酶学委员会于1961年提出了系统命名法。

（二）系统命名法

系统命名法要求标明酶的所有底物和反应类型，如果是多底物，底物名称之间以"："分隔，并附有一个由4组数字组成的酶的分类编号，数字前冠以 EC，使每一种酶只有一种名称。例如，谷草转氨酶的系统名称为 L- 天冬氨酸：α- 酮戊二酸氨基转移酶，其编号为 EC2.6.1.1。此法可以避免习惯命名法的混乱，但比较繁琐，使用不方便。

三、酶在医学上的应用

 知识拓展

生物酶在中药提取中的应用

生物酶是指由活细胞产生的具有高效催化作用的有机物，大部分为蛋白质，也有极少部分为 RNA。生物酶应用于工业生产中，能够提高工作效率、减少污染、简化工艺程序。

中药提取一直是我国中药治疗中不可或缺的重要组成部分，将有药用价值的中药成分从药材中提取出来，从而促进中药治疗有效进行。传统的中药提取方法简单，容易破坏中药成分的药效或者导致中药成分纯度不高。

酶技术是中药提取的重要手段之一，主要用于优化中药提取的过程。通过酶的催化作用，在常温、常压下，中药成分能较高纯度地从中药材中提取出来，并且不破坏中药成分,不降低药效。未来酶提取中药的效果、中药物理活性的筛选、产物结构的测定等方面还将得到进一步地优化和发展。

生命活动离不开酶的催化作用,在酶的催化下,生物体内物质代谢有条不紊地进行,同时,酶的催化又对物质代谢发挥着精准的调节作用。人体的许多疾病与酶和酶活性的改变有关;血清中酶活性的改变对多种疾病的诊断有重要的价值;许多药物又可通过对酶的影响来治疗疾病。随着对酶研究的不断发展,酶在医学上的重要性越来越引起了人们的注意,应用也越来越广泛。

(一)酶与疾病的发生

临床上有些疾病的发病机制是由于酶的质和量异常或酶活性受抑制所致。现已发现 140 多种先天性代谢缺陷疾病,多数由酶的先天性或遗传性缺损所致。例如,苯丙氨酸羟化酶缺乏引起苯丙酮酸尿症;酪氨酸酶缺乏引起白化病。许多中毒性疾病几乎都是由于某些酶活性被抑制所引起的,如有机磷农药中毒、重金属盐中毒、氰化物中毒等。

(二)酶与疾病的诊断

正常人体内酶活性较稳定,当人体某些器官和组织受损或发生疾病后,导致血液或其他体液中一些酶活性异常,临床上测定这些酶的活性可帮助诊断疾病。如肝炎和其他原因引起的肝脏受损,大量转氨酶释放入血,使血清转氨酶活性升高;急性胰腺炎时,血清和尿中淀粉酶活性显著升高;心肌梗死时,血清乳酸脱氢酶和肌酸激酶活性明显升高;有机磷农药中毒时,血清胆碱酯酶活性下降;前列腺癌时,血清中的酸性磷酸酶活性增高等。因此,通过测定血液或其他体液中酶活性的改变有利于疾病的诊断和预后治疗。

另外,许多遗传性疾病是由于先天性缺乏某种酶所致,故在出生前,可从羊水或绒毛中检测该酶的活性,作出产前诊断,有助于预防先天性疾病的发生,提高人口素质。

(三)酶与疾病的治疗

近年来,酶疗法已经被人们所认识,各种酶制品在临床上的应用也越来越普遍。酶可作为药物用于治疗某些疾病。酶作为药物最早用于助消化,现在已扩大到消炎、抗凝、促凝、降压等方面。如胃蛋白酶、胰蛋白酶、淀粉酶等可用于帮助消化;磺胺类药物可通过竞争性抑制二氢叶酸合成酶的活性而达到抑菌的作用;尿激酶、链激酶、纤溶酶等可溶解血栓,防止血栓形成,可用于脑血栓、心肌梗死等疾病的防治;利用天冬酰胺酶分解天冬酰胺可抑制血癌细胞的生长;某些抗肿瘤药物能抑制细胞内核酸或蛋白质合成所需的酶类,从而抑制肿瘤细胞的分化与增殖,抑制肿瘤的生长。

(四)酶与医学检验

酶作为临床检验的工具已被广泛地应用于化合物和酶的活性测定。酶法分析具有高效、准确、灵敏和专一的特点。在生化检验中常用酶法分析测定血液中的葡萄糖、胆固醇、肌酐等含量；在免疫检验中可通过酶标记测定法（把酶结合在某些物质上通过测定酶的活性来判断被标记物质或与其定量结合物质的存在和含量的方法）来检测微量的抗体和抗原。如对乙型肝炎表面抗原、艾滋病毒抗体、一些肿瘤标记物（甲胎蛋白，癌胚抗原等）的检测都用到此方法。另外在新冠病毒的核酸检测中所采用的聚合酶链反应（PCR）技术中，也离不开一些工具酶。

章末小结

酶是由活细胞产生的具有催化作用的蛋白质，又称生物催化剂。酶促反应的特点是高度的催化效率、高度的特异性、高度的不稳定性和酶活性的可调节性。

根据酶的化学组成不同，酶可分为单纯酶和结合酶两大类。酶的必需基团组成具有特定空间结构的区域，能与底物特异地结合并将底物转化为产物，起催化中心的作用，这一区域称为酶的活性中心。酶活性中心内的必需基团有结合基团和催化基团。由无活性的酶原转变为有活性的酶的过程称为酶原的激活。酶原的存在与激活具有重要的生理意义。同工酶是指催化相同的化学反应，而酶蛋白的分子结构、理化性质及免疫学性质不同的一组酶。

影响酶促反应速度的因素有酶浓度、底物浓度、温度、酸碱度、激活剂和抑制剂等。K_m值等于酶促反应速度为最大反应速度一半时的底物浓度，反映酶与底物的亲和力。温度与酸碱度对酶促反应的影响呈双重性。最适温度和最适pH是酶促反应速度最大时的温度和pH。

酶与医学关系非常密切。酶缺失或酶活性的改变均可导致体内物质代谢紊乱，甚至发生疾病。临床上酶活性的测定可用于疾病的诊断、治疗和预防。

（张玉媛）

思考与练习

一、名词解释

1. 酶　　2. 酶的特异性　　3. 酶的活性中心　　4. 酶原　　5. 同工酶

6. 酶的最适温度　　7. 酶的最适pH　　8. 激活剂　　9. 抑制剂

二、填空题

1. 酶催化的机制是降低反应的_____，而不改变反应的_____。

2. 酶促反应的特点包括_____、_____、_____和_____。

3. 酶的特异性由_____决定，酶反应的性质由_____决定。

4. 全酶由_____和_____构成。

5. 酶活性中心内的必需基团分为 _____ 和 _____ 。

6. 酶原激活的实质是 _____ 形成或者暴露的过程。

7. 乳酸脱氢酶的亚基有 _____ 型和 _____ 型。

8. 同工酶是催化 _____ 的化学反应,但酶蛋白的分子结构、理化性质和免疫学性质 _____ 的一组酶。

9. 心肌细胞中富含的乳酸脱氢酶同工酶是 _____ 。

10. K_m 值最小的底物是酶的 _____ 。

三、简答题

1. 酶的必需基团有哪些? 各有什么作用?

2. 乳酸脱氢酶同工酶在医学上有什么应用?

3. 简述酶原激活的意义。

4. 请以有机磷农药中毒的机制为例解释不可逆抑制的特点。

第四章 | 维 生 素

04章 数字内容

第一节 概 述

一、维生素的概念

维生素是维持机体正常功能所必需,在体内不能合成或合成量很少,必须由食物供给的一类低分子有机化合物。

维生素种类众多,具有以下共同特点:①以其本体或可被机体利用的前体形式存在于天然食物中;②体内不能合成或合成量不能满足机体需要,必须由食物供给;③不参与组织细胞的构成,也不为机体提供能量;④主要功能是参与及调节物质和能量代谢;⑤机体对其需要量很少,通常为每日几毫克甚至几微克,但若长期缺乏某种维生素,即引起相应的维生素缺乏病。

二、维生素的分类

根据溶解性质的不同,分为两大类。

1. 脂溶性维生素 不溶于水,易溶于脂类和有机溶剂,包括维生素 A、D、E、K

四种。

2. 水溶性维生素　易溶于水,包括 B 族维生素(维生素 B_1、B_2、B_6、B_{12}、维生素 PP、泛酸、叶酸、生物素等)和维生素 C。

三、维生素缺乏的原因

1. 摄入量不足　如食物单一,或者因烹饪破坏、贮存不当等造成食物中维生素大量破坏与流失,均可引起维生素的摄入不足。

2. 吸收障碍　某些原因造成的消化系统吸收功能障碍,如长期腹泻、消化道或胆道梗阻等可造成维生素的吸收、利用减少。

3. 需要量增加　某些生理或病理条件下,如妊娠和哺乳期的妇女、生长发育期的儿童、慢性消耗性疾病患者等,其对维生素的需要量会增多。

4. 体内合成减少　长期服用广谱抗生素导致肠道正常菌群的生长受到抑制,或者长时间日光照射不足,会使得体内维生素 K、维生素 D 等生成减少。

第二节　脂溶性维生素

 导入案例

患儿,女性,5 岁。畏光,眼部疼痛,经常眨眼或用手揉搓;皮肤干燥,易脱屑,毛发无光泽,易脱落,指 / 趾甲变脆易折,多纹。医生检查后,诊断为维生素 A 缺乏症。

请思考:1. 维生素 A 缺乏为何会导致患儿出现上述症状?

　　　　2. 日常生活中,如何对患儿进行饮食指导?

脂溶性维生素不溶于水,易溶于脂质及多数有机溶剂。其可随脂类被人体吸收并在体内蓄积,不易被排泄,过量摄入可引起中毒。

一、维　生　素　A

(一)化学本质、性质及来源

维生素 A 又称抗眼干燥症维生素。天然有维生素 A_1 和 A_2 两种形式,A_1 又称视黄醇,A_2 又称 3- 脱氢视黄醇。维生素 A 在体内的活性形式包括视黄醇、视黄醛和视黄酸,其化学性质活泼,易被氧化剂和紫外线破坏。

维生素 A 主要来源于动物性食物,动物肝、鱼肝油、奶制品、禽蛋等含量丰富。植物性食物中不含维生素A，但胡萝卜、菠菜、番茄、杏果等黄绿色植物中含有丰富的类胡萝卜素，其中以β-胡萝卜素最为重要，它可在肠壁和肝脏中转变为维生素A，这种本身不具有维生素A活性，在体内可以转变为维生素A的物质称为维生素A原。

（二）功能及缺乏症

1. 参与合成视杆细胞内的感光物质　视杆细胞中对弱光敏感并与暗视觉有关的感光物质叫视紫红质，它是由维生素A转变成的11-顺视黄醛和视蛋白结合而成。人从光线充足处进入黑暗环境时，因缺乏视紫红质，不能视物，需经一段时间合成足够的视紫红质后，才能在一定照度下视物，这一过程叫暗适应。暗适应时间长短与视网膜中维生素A储量有关。若储量充足，视紫红质合成迅速，暗适应时间短，视觉正常。若维生素A缺乏，会引起11-顺视黄醛补充不足，视紫红质合成减少，对弱光敏感性降低，暗适应时间延长，严重缺乏时会发生夜盲症。

2. 维持上皮组织的生长、健全　维生素A能促进上皮细胞内糖蛋白的合成，维持上皮组织正常生长和分化，保持上皮细胞分泌功能健全。若维生素A缺乏，可引起上皮组织干燥、增生和角化等，其中以眼、呼吸道、消化道等黏膜上皮受影响较显著。眼部表现为泪腺上皮角化，泪液分泌受阻，以致角膜、结膜干燥，产生眼干燥症。故维生素A又称抗眼干燥症维生素。

3. 促进生长发育　维生素A参与类固醇激素合成，从而促进蛋白质的合成，促进生长发育。

4. 其他作用　维生素A有抑癌、抗氧化、维持正常免疫功能的作用。

维生素A摄入过多可引起中毒。维生素A中毒多见于婴幼儿，主要表现有毛发易脱、皮肤干燥、瘙痒、烦躁、畏食、肝大及易出血等症状。引起维生素A中毒的原因一般为鱼肝油服用过多。

二、维 生 素 D

（一）化学本质、性质及来源

维生素D又称抗佝偻病维生素，是含有环戊烷多氢菲结构的类固醇衍生物。主要包括维生素D_2（麦角钙化醇）和维生素D_3（胆钙化醇）两种形式，存在于人体内的主要是维生素D_3。维生素D对热稳定，对碱和氧较稳定，在酸性溶液中加热会逐渐分解。通常烹调加工不会造成食物中的维生素D损失。

维生素D_3可从动物性食物中获得，在动物肝、奶类、蛋黄，尤其是鱼肝油中含量丰富。人体皮下组织中储存的胆固醇可脱氢生成7-脱氢胆固醇，后者经紫外线照射可转变成维生素D_3，故常做日光浴可预防维生素D缺乏。

（二）功能及缺乏症

维生素D的活性形式1,25-二羟维生素D_3［1,25-$(OH)_2$-D_3］是体内调节钙磷代谢的重要因素。其主要作用是促进钙、磷的吸收，维持血钙、血磷的正常水平，有利于骨骼、牙齿的生成和钙化。维生素 D 缺乏时，儿童会发生佝偻病，成人会发生骨质疏松甚至软骨病。

知识拓展

维 生 素 D

现认为确保儿童每日获得维生素 D 400IU 是预防和治疗维生素 D 缺乏性佝偻病的关键。

母乳喂养或部分母乳喂养足月婴儿，应在生后 2 周开始补充维生素 D 400IU/d，早产儿、低出生体重儿、双胎儿生后 1 周开始补充维生素 D 800IU/d，均补充至 2 岁。

非母乳喂养婴儿、每日奶量摄入小于 1 000ml 儿童，应补充维生素 D 400IU/d。

青少年摄入量达不到维生素 D 400IU/d 者，如奶制品摄入不足、鸡蛋或者强化维生素 D 食物摄入少，应每日补充维生素 D 400IU。

三、维 生 素 E

（一）化学本质、性质及来源

维生素 E 又称生育酚，主要有生育酚和生育三烯酚两大类，自然界以 α- 生育酚分布最广，生理活性最强。维生素 E 在无氧条件下对热稳定，对氧敏感，易被氧化。植物油、深海鱼油、谷物胚芽、绿叶蔬菜是维生素 E 较好的来源。

（二）功能及缺乏症

1. 抗氧化作用　维生素 E 能清除自由基，保护生物膜上的多不饱和脂肪酸及其他蛋白质的巯基免受自由基攻击，保护生物膜结构和功能。

2. 与动物生殖功能有关　动物实验证明，缺乏维生素 E 时其生殖器官发育受损甚至不育。人类尚未发现维生素 E 缺乏所致的不育症。临床上常用维生素 E 来治疗先兆流产和习惯性流产。

3. 促进血红素代谢　维生素 E 能提高血红素合成关键酶的活性，促进血红素合成。

4. 其他功能　维生素 E 可抑制血小板聚集，保持血流通畅，缺乏时可引起血栓形成，增加心肌梗死和脑卒中的危险性；是肝细胞生长的重要保护因子，对多种急性肝损伤具有保护作用，对慢性肝纤维化具有延缓和阻断作用；还具有抗肿瘤作用。

维生素 E 一般不易缺乏，在脂肪吸收障碍和肝严重损伤等疾病时可引起缺乏，表现为红细胞数量减少，寿命缩短。

四、维 生 素 K

（一）化学本质、性质及来源

维生素 K 是萘醌的衍生物，天然存在的有 K_1、K_2 两种。临床上常用的是人工合成 K_3、K_4，溶于水，可口服或注射。维生素 K 耐热，对碱不稳定，对光敏感。维生素 K_1 在绿叶蔬菜和动物肝脏中含量丰富，维生素 K_2 则是人体肠道细菌的代谢产物。

（二）功能及缺乏症

主要生化作用是维持体内的第 Ⅱ、Ⅶ、Ⅸ、Ⅹ 凝血因子的正常水平，促进血液凝固。凝血因子由无活性型向活性型的转变需要 γ-谷氨酸羧化酶的催化，维生素 K 是该酶的辅因子，故又称凝血维生素。

维生素 K 来源广泛，肠道细菌也能合成，一般不易缺乏。但脂肪吸收功能减退或长期服用广谱抗生素，可引起缺乏。缺乏时出现凝血障碍，易发生皮下、肌肉及内脏出血。

脂溶性维生素的生化功能及缺乏症见表 4-1。

表 4-1　脂溶性维生素生化功能及缺乏症

名称	主要生化功能	缺乏症
维生素 A（抗眼干燥症维生素）	1. 参与合成视紫红质	夜盲症
	2. 维持上皮的生长、健全	眼干燥症
	3. 促进生长发育	
	4. 抑癌作用、抗氧化作用	
	5. 维持正常免疫功能	
维生素 D（抗佝偻病维生素）	1. 促进钙、磷吸收	佝偻病（儿童）
	2. 利于新骨的生成和钙化	软骨病（成人）
维生素 E（生育酚）	1. 抗氧化作用	
	2. 与动物的生育有关	
	3. 促进血红素代谢	
	4. 抑制血小板聚集	
	5. 保护肝细胞	
	6. 抗肿瘤作用	
维生素 K（凝血维生素）	促进凝血因子 Ⅱ、Ⅶ、Ⅸ、Ⅹ 的合成	凝血障碍

第三节　水溶性维生素

导入案例

随着生活质量的不断改善,人们对饮食的要求也越来越高,比如喜好精制米、精白面,将米反复淘洗,把蔬菜长时间浸泡,加碳酸氢钠(小苏打)腌牛肉使之滑嫩可口等。

请思考:以上做法对食物中的维生素有何影响? 为什么?

水溶性维生素体内很少蓄积,若摄入过多可随尿排除,所以必须经常从膳食中摄取,且一般不发生过多现象。B 族维生素往往参与构成酶的辅因子而发挥其参与和调节物质代谢的作用。

一、维　生　素 B_1

(一)化学本质、性质及来源

维生素 B_1 又名抗脚气病维生素,由含硫的噻唑环和含氨基的嘧啶环组成,又称硫胺素。维生素 B_1 在碱性条件下加热易破坏。焦磷酸硫胺素(TPP)为其在体内的活性形式。其在种子外皮(如米糠)、胚芽、酵母及瘦肉中含量丰富。

(二)功能及缺乏症

1. TPP 是 α-酮酸氧化脱羧酶的辅酶,参与 α-酮酸氧化脱羧反应,维生素 B_1 缺乏时 α-酮酸氧化发生障碍,糖代谢受阻造成能量供应不足,影响到组织细胞尤其是神经组织的正常功能,导致末梢神经炎及其他神经病变,即脚气病。

2. 促进胃肠消化吸收　维生素 B_1 可抑制胆碱酯酶活性,减少乙酰胆碱水解。缺乏时,乙酰胆碱水解加强,神经传导受到影响,表现为消化液分泌减少,胃肠蠕动变慢,食欲缺乏,消化不良等。

知识拓展

维　生　素 B_1

当前,维生素 B_1 作为参与能量代谢多种主要酶的辅因子,在神经系统相关疾病治疗中得到广泛认可。研究表明,补充维生素 B_1 可能是延缓阿尔茨海默病发展的一种有效办法,其也可以改善抑郁症症状,与抗抑郁药联用时疗效更显著。与维生素 B_1 有关的神经系统疾病还包括神经炎、失眠、神经衰弱、神经痛、神经性尿频等。

二、维生素 B₂

（一）化学本质、性质及来源

维生素 B_2 又名核黄素，耐热，在酸性环境中较稳定，遇光易破坏。该维生素广泛存在于动植物中，米糠、酵母、蛋黄、肝脏中含量丰富。

（二）功能及缺乏症

体内维生素 B_2 有黄素单核苷酸（FMN）及黄素腺嘌呤二核苷酸（FAD）两种活性形式，它们是多种黄素酶的辅基，作为递氢体，广泛参与体内的各种氧化还原反应，能促进糖、脂肪和蛋白质等的代谢，对维持皮肤、黏膜和视觉的正常功能均有一定的作用。维生素 B_2 缺乏可引起口角炎、唇炎、舌炎、阴囊炎、脂溢性皮炎、畏光等症状。

三、维生素 PP

（一）化学本质、性质及来源

维生素 PP 又名抗癞皮病维生素，包括烟酸（曾称尼克酸）和烟酰胺（曾称尼克酰胺），两者均属氮杂环吡啶衍生物，在体内可相互转化。维生素 PP 性质稳定，不易被酸、碱、热破坏。其在动物肝脏、酵母、花生、豆类及肉类等含量较高。

（二）功能及缺乏症

维生素 PP 在体内的活性形式是烟酰胺腺嘌呤二核苷酸（NAD^+）和尼克酰胺腺嘌呤二核苷酸磷酸（$NADP^+$）。NAD^+ 和 $NADP^+$ 是多种不需氧脱氢酶的辅酶，在氧化还原过程中起传递氢的作用。

维生素 PP 缺乏时可引起癞皮病，典型症状为皮肤暴露部位的对称性皮炎、腹泻及痴呆。长期以玉米为主食者易缺乏维生素 PP，一方面因为玉米中色氨酸含量较低，影响烟酸合成，另一方面维生素 PP 在玉米中常以不易吸收的结合形式存在。抗结核药异烟肼结构与维生素 PP 相似，两者有拮抗作用，长期服用可引起其缺乏。

四、维生素 B₆

（一）化学本质、性质及来源

维生素 B_6 为吡啶衍生物，包括吡哆醇、吡哆醛、吡哆胺。在酸中较稳定，易被碱破坏，中性环境中易被光破坏，高温下可迅速被破坏。维生素 B_6 在动植物中分布很广，麦胚芽、米糠、大豆、酵母、肝、鱼、肉及绿叶蔬菜中含量丰富。

（二）功能及缺乏症

维生素 B_6 在体内的活性形式是磷酸吡哆醛、磷酸吡哆胺，它们是多种酶的辅酶，在物质代谢中发挥重要作用。

1. 磷酸吡哆醛、磷酸吡哆胺是转氨酶的辅酶，起转移氨基的作用。

2. 磷酸吡哆醛是脱羧酶的辅酶，参与氨基酸代谢中的脱羧基反应。谷氨酸脱羧产物 γ- 氨基丁酸是重要的抑制性神经递质。临床上常用维生素 B_6 治疗婴儿惊厥及妊娠呕吐。

3. 磷酸吡哆醛是 δ- 氨基 -γ- 酮戊酸（ALA）合酶的辅酶，ALA 合酶是血红素合成的限速酶。维生素 B_6 缺乏时可能造成低色素小细胞性贫血。

尚未发现维生素 B_6 缺乏的典型病例。抗结核药异烟肼能与磷酸吡哆醛结合生成腙而随尿排出，引起维生素 B_6 缺乏，在服用异烟肼时，应补充维生素 B_6。

五、泛　　酸

（一）化学本质、性质及来源

泛酸又称遍多酸、维生素 B_5，在自然界分布广泛。其由二甲基羟丁酸和 β- 丙氨酸组成，在中性溶液中耐热，对氧化剂和还原剂稳定，易被酸、碱破坏。

（二）功能及缺乏症

泛酸经磷酸化并获得巯基生成 4′- 磷酸泛酰巯基乙胺，后者是辅酶 A（HSCoA）及酰基载体蛋白（ACP）的组成部分，所以 HSCoA 及 ACP 为泛酸在体内的活性形式。HSCoA 及 ACP 是酰基转移酶的辅酶，广泛参与糖、脂类、蛋白质代谢及肝脏的生物转化作用。泛酸缺乏病少见。

六、生　物　素

（一）化学本质、性质及来源

生物素耐酸不耐碱，高温和氧化剂可使其灭活。在动植物界分布广，肠道细菌亦能合成，不易发生缺乏病。

（二）功能及缺乏症

生物素是多种羧化酶的辅酶。在糖、脂肪、蛋白质和核酸代谢过程中参与羧化反应。人缺乏时易引起精神抑郁、毛发脱落、皮肤发炎等疾病。生鸡蛋清中含有一种抗生物素蛋白，可与生物素结合而影响其吸收。故过多吃生鸡蛋清，或者长期口服抗生素药物时，均可能引起生物素缺乏。

食欲缺乏患者临床表现

食欲缺乏是出现嗳气、吐酸、腹胀、不想吃饭、饭量减少的表现，经常出现在脾胃虚弱的患者身体上。由于脾胃功能比较差，无法更快对食物进行消化和吸收，所以食物在胃内长时间滞留，在滞留过程中与消化液产生大量的气体，同时刺激胃酸分泌过多，所以患者会出现嗳气、吐酸的表现。

因为胃内一直有食物存在，患者会出现腹胀的感觉。由于食物不能及时排空，胃内一直没有饥饿感存在，在饮食上会出现不想吃饭。甚至严重时，看到食物会出现恶心的感觉。这些人在吃饭时，少量地摄入一些食物就会感觉有饱腹感，所以饭量会逐渐减少。在吃饭时对食物也没有胃口，没有特别想吃的食物。

七、叶　酸

（一）化学本质、性质及来源

叶酸因在绿叶中含量丰富而得名，由 L-谷氨酸、对氨基苯甲酸（PABA）和 2-氨基-4-羟基-6-甲基蝶呤啶组成，又称蝶酰谷氨酸。叶酸为黄色结晶，酸性介质中不耐热，对光照敏感。在绿叶蔬菜、水果、动物肝、酵母等中含量丰富，肠道细菌也可合成。

（二）功能及缺乏症

叶酸的活性形式是四氢叶酸（FH_4）。体内叶酸还原为二氢叶酸（FH_2），进一步还原为四氢叶酸（FH_4）。FH_4 是体内一碳单位转移酶的辅酶，可作为一碳单位的载体参与嘌呤、胸腺嘧啶核苷酸等多种物质的合成。

当叶酸缺乏时，骨髓幼红细胞 DNA 合成减少，细胞分裂速度降低，细胞体积变大，造成巨幼红细胞贫血。孕妇及哺乳期妇女因快速分裂细胞增加或因生乳而致代谢较旺盛，应适量补充叶酸。

八、维 生 素 B_{12}

（一）化学本质、性质及来源

维生素 B_{12} 又称钴胺素，是唯一含金属元素的维生素。其为粉红色晶体，仅由微生物合成，酵母和动物肝含量丰富，不存在于植物中。

（二）功能及缺乏症

维生素 B_{12} 的活性形式是 5'-脱氧腺苷钴胺素和甲基钴胺素（CH_3-B_{12}），也是存在于血液的主要形式。5′- 脱氧腺苷钴胺素作为 L- 甲基丙二酰 CoA 变位酶的辅酶，参加一些异构反应；甲基钴胺素是甲基转移酶的辅酶，可将 FH_4 上的甲基转移给甲基受体，增加叶酸的利用率，促进甲硫氨酸与核酸的合成。维生素 B_{12} 缺乏时，叶酸利用率降低，影响核酸和蛋白质合成，可引起巨幼红细胞贫血。

维生素 B_{12} 来源广泛，缺乏症少见，但它的吸收需要胃壁细胞分泌的内因子的参与，内因子产生不足时可影响维生素 B_{12} 的吸收。故可偶见于有严重吸收障碍疾患的患者及长期素食者。

九、维 生 素 C

（一）化学本质、性质及来源

维生素 C 又称 L- 抗坏血酸，无色片状结晶，呈酸性，还原性强，对碱、热、氧化剂不稳定。维生素 C 广泛存在于新鲜蔬菜及水果中，如鲜枣、山楂、柑橘、草莓、猕猴桃以及辣椒等。

（二）功能及缺乏症

1. 参与体内的多种羟化反应

（1）促进胶原蛋白的合成：体内结缔组织、骨及毛细血管的重要组成成分含有胶原蛋白，而维生素 C 是参与胶原蛋白合成的脯氨酸羟化酶、赖氨酸羟化酶的辅因子。

（2）参与胆固醇的转化：维生素 C 是胆汁酸合成的限速酶 7α- 羟化酶的辅酶，可以促进胆固醇在肝内转化为胆汁酸。

2. 参与体内的氧化还原反应

（1）保护巯基作用：通过还原作用使巯基酶的 -SH 维持还原状态，使之不被氧化。

（2）其他作用：使红细胞中的高铁血红蛋白（MHb）还原为血红蛋白（Hb），使其恢复对氧的运输。也可使食物中的 Fe^{3+} 还原为 Fe^{2+}，提高铁的吸收率。

3. 抗病毒作用　能增加淋巴细胞的生成，提高吞噬细胞的吞噬能力，促进免疫球蛋白的合成，提高机体免疫力。

维生素 C 缺乏时可引起维生素 C 缺乏病，又称坏血病，主要为胶原蛋白合成障碍所致，表现为毛细血管脆性增加，牙龈肿胀与出血，牙齿松动、脱落、皮肤出现淤血与瘀斑，关节出血可形成血肿、鼻出血、便血等症状。还能影响骨骼正常钙化，出现伤口愈合不良、抵抗力低下、肿瘤扩散等。

水溶性维生素生化功能及缺乏症见表 4-2。

表 4-2　水溶性维生素生化功能及缺乏症

名称	主要生化功能	典型缺乏症
维生素 B_1（硫胺素，抗脚气病维生素）	1. 是 α- 酮酸氧化脱羧酶的辅酶，参与氧化脱羧反应 2. 促进胃肠消化吸收	脚气病、胃肠功能障碍
维生素 B_2（核黄素）	是黄素酶的辅基（FMN、FAD），在生物氧化中起递氢作用	口角炎、舌炎、唇炎、阴囊炎等
维生素 PP（抗癞皮病维生素）	是不需氧脱氢酶的辅酶（ NAD^+、$NADP^+$ ），在生物氧化中起递氢作用	癞皮病
维生素 B_6	是转氨酶和氨基酸脱羧酶的辅酶，参与氨基酸的分解代谢	人类未发现典型缺乏症
泛酸（遍多酸）	构成 HSCoA，是酰基转移酶的辅酶，可转移酰基	人类未发现典型缺乏症
生物素	构成羧化酶的辅酶，参与物质代谢的羧化反应	人类未发现典型缺乏症
叶酸	构成一碳单位转移酶的辅酶，转运一碳单位	巨幼红细胞贫血
维生素 B_{12}（钴胺素）	1. 以 CH_3-B_{12} 形式作为转甲基酶的辅酶 2. 构成甲基丙二酰 CoA 变位酶的辅酶	巨幼红细胞贫血
维生素 C（抗坏血病维生素）	1. 参与体内的羟化反应 2. 参与体内的氧化还原反应 3. 抗病毒作用	维生素 C 缺乏病（坏血病）

章末小结

维生素是维持机体正常功能所必需的一类低分子有机化合物。一般机体不能合成或合成量极少，必须从食物中摄取。维生素可根据其溶解性质不同分为脂溶性维生素和水溶性维生素两大类。脂溶性维生素中，维生素 A 参与视杆细胞感光物质的合成，并对维持上皮组织的健全至关重要；维生素 D 参与钙、磷代谢；维生素 E 有抗氧化作用；维生素 K 参与血液凝固。水溶性维生素中，B 族维生素主要构成酶的辅因子参与物质代谢和能量代谢；维生素 C 则参与羟化反应和氧化还原反应。

（王　芳）

思考与练习

一、名词解释

1. 维生素　　2. 维生素A原　　3. 脂溶性维生素　　4. 水溶性维生素

二、填空题

1. 脂溶性维生素包括＿＿＿＿＿＿、＿＿＿＿＿＿、＿＿＿＿＿＿、＿＿＿＿＿＿。

2. 水溶性维生素包括＿＿＿＿＿＿和＿＿＿＿＿＿。

3. 维生素E的主要生理功能有＿＿＿＿＿＿、＿＿＿＿＿＿、＿＿＿＿＿＿、＿＿＿＿＿＿。

三、简答题

1. 引起维生素缺乏的常见原因有哪些？

2. 维生素A缺乏时，为什么会患夜盲症？

3. 维生素D有哪些功能？缺乏后会出现哪些疾病？

4. 维生素B_1缺乏时，为什么会患脚气病？

5. 叶酸和维生素B_{12}缺乏时会导致什么疾病？为什么？

四、案例分析

患儿，女，8个月，近一个月来出现烦躁、易激惹、不易安抚、夜间睡眠不安，经常啼哭，伴有多汗症状。患儿家住高楼，户外活动较少。其发育中等，营养尚可，有枕秃，还未出牙。患儿被诊断为维生素D缺乏性佝偻病。

请思考：1. 维生素D缺乏性佝偻病产生的主要原因是什么？

2. 如何预防维生素D缺乏性佝偻病？

第五章 | 生 物 氧 化

05章 数字内容

第一节 生物氧化概述

一、生物氧化的概念与方式

 导入案例

　　一位 60 岁老年患者和 6 岁的孙女,早晨 8 点被邻居发现昏迷不醒,叫之不应,送医院抢救,孙女抢救无效死亡。两人所住房间内生有煤火炉,睡前一切正常,无药物过敏史。医生检查发现老年患者陷入昏迷,口唇呈樱桃红色,皮肤黏膜无出血点。T 36.8℃,P 98 次 /min,R 24 次 /min,BP 160/90mmHg。诊断为急性一氧化碳中毒。

　　请思考:1. 该女孩死亡的原因是什么?

　　　　　2. 该老年患者急性一氧化碳中毒的主要诊断依据是什么?

　　　　　3. 急性一氧化碳中毒的患者为什么会陷入昏迷?

　　生物体通过体内糖、脂肪、蛋白质等有机物的氧化分解为机体生存提供所需的能量。

糖、脂肪和蛋白质等营养物质在生物体内彻底氧化生成二氧化碳和水,并释放能量供机体利用的过程,称为生物氧化。由于该过程伴有氧的消耗和二氧化碳的产生,故又称为细胞呼吸或组织呼吸。生物氧化释放的能量使 ADP 磷酸化生成 ATP 供机体生命活动需要。

生物氧化遵循氧化还原反应的一般规律,是在一系列氧化还原酶的作用下完成的。生物氧化的主要方式有加氧、脱氢、脱电子反应,其中以脱氢反应最为常见。

1. 加氧反应　底物分子中直接加入氧原子或氧分子,如苯丙氨酸氧化成酪氨酸。

苯丙氨酸　　　　　酪氨酸

2. 脱氢反应　底物分子脱下一对氢,氢与受氢体结合,如乳酸氧化成丙酮酸。

$$CH_3CH(OH)COOH + NAD^+ \longrightarrow CH_3COCOOH + NADH + H^+$$
乳酸　　　　　　　　　　　丙酮酸

3. 脱电子反应　底物分子脱去一个电子,从而使其原子或离子化合价增加而被氧化,如细胞色素中的 Fe^{2+}。

$$Fe^{2+} \longrightarrow Fe^{3+} + e$$

二、生物氧化的特点

同一物质在体内、体外氧化时反应条件不同,但所消耗的氧气量、产物及释放的能量相同。生物氧化是在细胞内由酶催化进行的过程,与物质在生物体外氧化的过程不尽相同(表 5-1),归纳起来主要有以下特点:①反应条件温和。生物氧化在体内温和的条件下(温度为 37℃左右,pH 为 7.4 左右)进行,是因为生物体内具有高效率的生物催化剂,可以催化反应顺利进行。②能量逐步释放。生物氧化过程将一元化反应分割为多元化反应,每一步反应都有可能释放部分能量。③物质的主要氧化形式为脱氢或脱电子。④通过有机酸脱羧反应生成二氧化碳。

表 5-1　物质的生物氧化与体外氧化的比较

比较点	生物氧化	体外氧化
反应环境	有水，水可直接参加反应	干燥无水
反应条件	温和（37℃左右，pH 为 7.4 左右）	剧烈（高温、强酸、强碱）
氧化过程	分成多个步骤	一步完成
物质氧化方式	主要以脱氢、脱电子方式进行	直接被氧分子氧化
水的生成方式	通过物质脱氢及传递体对氢的传递，氢与氧结合生成水	氢与氧直接结合
二氧化碳生成方式	通过有机酸的脱羧反应生成	碳与氧直接化合
能量的释放方式	能量逐步释放，部分能量转变成化学能，以高能磷酸键的形式储存	能量骤然释放，全部以热能形式散发

三、生物氧化中 CO_2 的生成

体内二氧化碳的生成是代谢中间物（有机酸）经脱羧反应生成的。按照羧基所连接的位置不同，可将有机酸的脱羧作用分为 α- 脱羧和 β- 脱羧；按照脱羧时是否伴有氧化作用，可将有机酸的脱羧作用分为单纯脱羧和氧化脱羧。

四种脱羧方式如下：

（一）单纯脱羧

1. α- 单纯脱羧　脱去 α 碳原子上的羧基，如 α- 氨基酸的脱羧作用：

$$\underset{\text{氨基酸}}{R-\underset{\underset{NH_2}{|}}{CH}-COOH} \xrightarrow{\text{氨基酸脱羧酶}} \underset{\text{胺}}{R-CH_2-NH_2} + CO_2$$

2. β- 单纯脱羧　脱去 β 碳原子上的羧基，如草酰乙酸的脱羧作用：

$$\underset{\text{草酰乙酸}}{\begin{array}{c}CH_2-COOH\\ |\\ CO-COOH\end{array}} \xrightarrow{\text{草酰乙酸脱羧酶}} \underset{\text{丙酮酸}}{CH_3-\overset{\overset{O}{||}}{C}-COOH} + CO_2$$

（二）氧化脱羧

1. α- 氧化脱羧　α 碳原子上的羧基脱落的同时伴有氧化反应，如丙酮酸的脱氢与脱羧作用：

$$CH_3-\overset{\overset{O}{\|}}{C}-COOH + HSCoA \xrightarrow[\text{NAD}^+ \quad \text{NADH} + H^+]{\text{丙酮酸脱氢酶复合体}} CH_3CO \sim SCoA + CO_2$$

丙酮酸 　　　　　　　　　　　　　　　　　　　　乙酰辅酶A

2. β-氧化脱羧　β碳原子上的羧基脱落的同时伴有氧化反应,如苹果酸的脱氢与脱羧作用:

$$\begin{matrix} CH_2-COOH \\ | \\ CHOH-COOH \end{matrix} \xrightarrow[\text{NADP}^+ \quad \text{NADPH} + H^+]{\text{苹果酸酶}} CH_3-\overset{\overset{O}{\|}}{C}-COOH + CO_2$$

苹果酸 　　　　　　　　　　　　　　　　　　　丙酮酸

第二节　线粒体氧化体系

　　线粒体在生物氧化过程中具有重要的意义,生命活动所需的能量大部分是由线粒体提供的,所以,线粒体又被称为细胞的"发电厂"。三羧酸循环、脂肪酸β-氧化以及呼吸链等重要的生物氧化体系都存在于线粒体内。

一、呼吸链的概念和组成

(一)呼吸链的概念

　　机体内物质代谢物脱下的成对氢原子(2H)通过多种酶和辅因子逐步传递,最终与氧结合生成水。这些酶和辅因子按一定顺序排列在线粒体内膜上,起到递氢或递电子的作用,它们构成了一条连锁的氧化还原体系。其中传递氢的酶或辅因子称为递氢体,传递电子的酶或辅因子称为电子传递体。这种在线粒体内膜上,由一系列递氢体、递电子体按一定顺序排列组成的,能够将代谢物脱下的氢传递给氧生成水的连锁反应体系称为电子传递链。由于此反应体系与细胞呼吸有关,又称为氧化呼吸链。

(二)氧化呼吸链的组成及作用

　　1. 以 NAD^+ 为辅酶的脱氢酶类　NAD^+ 是不需氧脱氢酶的辅酶,可与不同的酶蛋白组成多种功能各异的不需氧脱氢酶。NAD^+ 能可逆地加氢和脱氢,其在进行加氢反应时,只接受1个氢原子和1个电子,将另1个 H^+ 游离出来。

$$NAD^+ + 2H \longleftrightarrow NADH + H^+$$

　　2. 黄素蛋白(黄素酶)　黄素蛋白(FP)因其辅基中含有维生素 B_2(核黄素)呈黄色而得名。黄素蛋白的种类很多,如琥珀酸脱氢酶、NADH 脱氢酶等,但辅基只有两种,即黄素单核苷酸(FMN)和黄素腺嘌呤二核苷酸(FAD),FMN 和 FAD 能可逆地进行加氢和脱氢反应。

$$FMN（或FAD）+2H（2H^++2e）\longleftrightarrow FMNH_2（或FADH_2）$$

3. 铁硫蛋白　其辅基铁硫中心（Fe-S）常含有等量的铁原子和硫原子，分子中的铁原子可通过可逆的失电子和得电子反应：$Fe^{2+}\longleftrightarrow Fe^{3+}+e$，而传递电子，将电子传递给泛醌。

4. 泛醌　泛醌（Q）又称辅酶Q（CoQ），是一种脂溶性醌类化合物。CoQ接受1个电子和1个质子还原成半醌型泛醌，再接受1个电子和1个质子还原成二氢泛醌，后者将2个电子传递给细胞色素b，2个质子则游离于基质中，自身则被氧化成醌。

5. 细胞色素体系　细胞色素（Cyt）是一类以铁卟啉为辅基的催化电子传递的酶类。人体线粒体内膜上至少有5种不同的细胞色素，它们是 Cyt a、Cyt a_3、Cyt b、Cyt c、Cyt c_1。细胞色素铁卟啉中的铁原子可进行失电子和得电子反应：$Fe^{2+}\longleftrightarrow Fe^{3+}+e$，传递电子。

细胞色素在呼吸链中的排列顺序为：Cyt b → Cyt c_1 → Cyt c → Cyt a → Cyt a_3。Cyt a 和 Cyt a_3 结合在同一条多肽链上，因两者结合紧密，很难分离，故称为 Cyt aa_3。Cyt aa_3 可以直接将电子传递给氧，使氧被激活成氧离子，故亦称为细胞色素氧化酶。

（三）氧化呼吸链成分的排列

氧化呼吸链的主要组成成分中，除泛醌与 Cyt c 以游离形式存在外，其余的成分均以复合体的形式存在于线粒体内膜上（表 5-2）。

复合体Ⅰ（NADH-泛醌还原酶）：NADH-泛醌还原酶（NADH脱氢酶），含有黄素单核苷酸（FMN）和铁硫蛋白（FeS）。作用是将电子从 NADH 传递给泛醌。

复合体Ⅱ（琥珀酸-泛醌还原酶）：琥珀酸-泛醌还原酶（琥珀酸脱氢酶）含有黄素腺嘌呤二核苷酸（FAD）、细胞色素b（Cyt b）和铁硫蛋白。作用是将电子从琥珀酸传递给泛醌。

复合体Ⅲ（泛醌-细胞色素c还原酶）：泛醌-细胞色素c还原酶含有 Cyt b、Cyt c_1 和铁硫蛋白。作用是将电子从泛醌传递给 Cyt c。

复合体Ⅳ（细胞色素c氧化酶）：细胞色素c氧化酶含有 Cyt a、Cyt a_3 和铜离子。其作用是将电子从 Cyt c 传递给 O_2。氢原子经复合体Ⅰ、Ⅱ传递给 CoQ 后，CoQ 将质子释放在线粒体基质中，将电子传递给复合体Ⅲ，复合体Ⅲ再将电子转移给复合体Ⅳ，最后将电子传递给氧。这样活化的氧离子可与基质中的质子结合成水。

表 5-2　氧化呼吸链复合物及其组成

复合物种类	复合物名称	复合物组成
复合体Ⅰ	NADH-泛醌还原酶	FMN、FeS
复合体Ⅱ	琥珀酸-泛醌还原酶	FAD、Cyt b、FeS
复合体Ⅲ	泛醌-细胞色素c还原酶	Cyt b、Cyt c_1、FeS
复合体Ⅳ	细胞色素c氧化酶	Cyt a、Cyt a_3、Cu^{2+}

二、呼吸链的类型

氧化呼吸链按其组成成分、排列顺序和功能上的差异分为两种。

1. NADH 氧化呼吸链　由复合体 I、III、IV 和 CoQ、Cyt c 组成。机体内大多数代谢物如苹果酸、乳酸等脱下的氢被 NAD^+ 接受生成 $NADH^+H^+$，然后通过 NADH 氧化呼吸链逐步传递给氧。即 $NADH+H^+$ 脱下的 2H 通过复合体 I 传递给 CoQ 生成 $CoQH_2$，后者把 2H 中的 $2H^+$ 释放于基质中，而将 2e 经复合体 III 传给 Cyt c，然后传至复合体 IV，最后交给 O_2，使氧激活，生成 O^{2-}，O^{2-} 再与基质中的 $2H^+$ 结合生成 H_2O（图 5-1）。

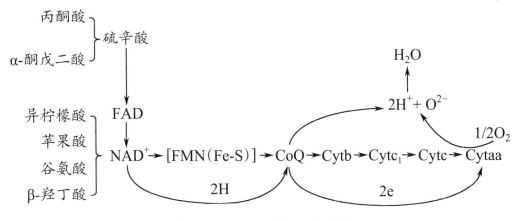

图 5-1　NADH 氧化呼吸链

2. 琥珀酸氧化呼吸链　由复合体 II、III、IV 和 CoQ、Cyt c 组成。琥珀酸在琥珀酸脱氢酶的催化下，脱下的 2H 经复合体 II 传递给 CoQ 生成 $CoQH_2$，后者把 2H 中的 $2H^+$ 释放于基质中，而将 2e 经复合体 III 传给 Cyt c，然后传至复合体 IV，最后交给 O_2，使氧激活，生成 O^{2-}，O^{2-} 再与基质中的 $2H^+$ 结合生成 H_2O（图 5-2）。

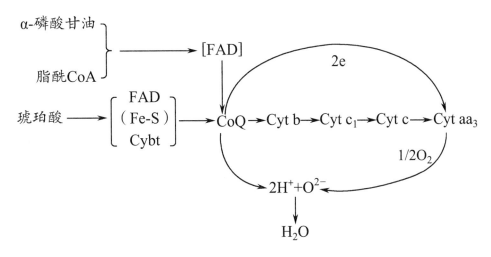

图 5-2　琥珀酸氧化呼吸链

三、细胞质中 NADH+H⁺ 的氧化

线粒体内生成的 NADH+H⁺ 可直接通过呼吸链进行氧化,但胞质中生成的 NADH 不能自由通过线粒体内膜,故线粒体外 NADH 所携带的 2H 必须通过某种转运机制才能进入线粒体进行氧化,这种转运机制主要有 α- 磷酸甘油穿梭和苹果酸 - 天冬氨酸穿梭。

1. 磷酸甘油穿梭　α- 磷酸甘油穿梭是指通过 α- 磷酸甘油将胞质中 NADH 上的 H 带入线粒体的过程。细胞质中生成的 NADH+H⁺ 经线粒体外膜侧的磷酸甘油脱氢酶(辅酶 NAD⁺)催化下,将 2H 传递给磷酸二羟丙酮,使其还原成 α- 磷酸甘油,α- 磷酸甘油可通过扩散作用进入线粒体,经线粒体内膜上磷酸甘油脱氢酶(辅基 FAD)催化生成磷酸二羟丙酮和 $FADH_2$,$FADH_2$ 经呼吸链传递,可生成 1.5 分子 ATP,磷酸二羟丙酮则扩散回细胞质(图 5-3)。脑、骨骼肌等组织胞质中生成的 NADH+H⁺ 通过此方式穿梭氧化。

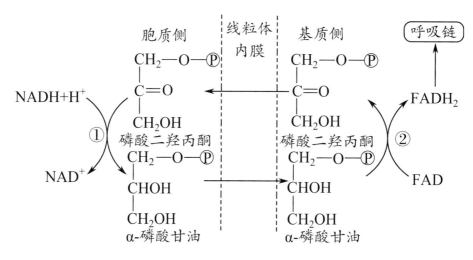

图 5-3　α- 磷酸甘油穿梭

①磷酸甘油脱氢酶(线粒体外膜);②磷酸甘油脱氢酶(线粒体内膜)。

2. 苹果酸 - 天冬氨酸穿梭　苹果酸 - 天冬氨酸穿梭是指通过苹果酸 - 天冬氨酸进出线粒体将胞质中 NADH 上的 H 带入线粒体的过程。细胞质中的 NADH+H⁺ 可将草酰乙酸还原生成苹果酸,苹果酸可通过线粒体膜上的载体进入线粒体后,在苹果酸脱氢酶作用下生成草酰乙酸和 NADH+H⁺;NADH+H⁺ 通过呼吸链传递,生成 2.5 分子 ATP;在线粒体内的草酰乙酸通过转氨基作用生成天冬氨酸,天冬氨酸在其载体作用下重新返回细胞质,再脱氨基生成草酰乙酸(图 5-4)。肝、肾、心等组织胞质中生成的 NADH+H⁺ 通过苹果酸 - 天冬氨酸穿梭方式彻底氧化。

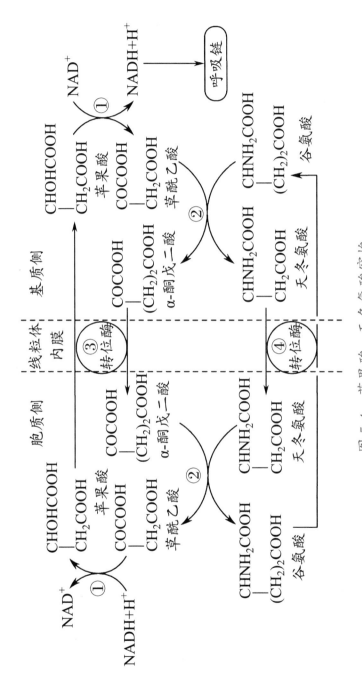

图 5-4 苹果酸 - 天冬氨酸穿梭

①苹果酸脱氢酶;②天冬氨酸氨基转移酶(谷草转氨酶)。

第三节　ATP 的生成与能量的利用和转移

一、高能键和高能化合物

高能化合物是指含有高能键的化合物。高能键是指水解时释放能量大于 21kJ/mol 的化学键，通常用"~"表示；若高能键的构成与磷酸有关，称之为高能磷酸键，通常用 "~℗"表示。含高能键的化合物即高能化合物，含高能磷酸键的化合物为高能磷酸化合物。ATP 是体内最常见的、最重要的高能化合物，是各种生理活动的直接能源。ATP 缺乏将影响机体的各种生理活动。

二、ATP 生成的方式

人体内 ATP 生成有底物水平磷酸化和氧化磷酸化两种方式。

（一）底物水平磷酸化

代谢物在氧化过程中，因脱氢、脱水等作用而使分子内部能量重新分布和集中，形成高能磷酸键。直接将底物分子中的高能磷酸键转移给 ADP 生成 ATP 的方式，称为底物水平磷酸化。

$$1，3\text{-二磷酸甘油酸} + ADP \underset{}{\overset{\text{磷酸甘油酸激酶}}{\rightleftharpoons}} 3\text{-磷酸甘油酸} + ATP$$

$$\text{磷酸烯醇式丙酮酸} + ADP \xrightarrow{\text{丙酮酸激酶}} \text{丙酮酸} + ATP$$

$$\text{琥珀酰CoA} + GDP + Pi \underset{}{\overset{\text{琥珀酰CoA合成酶}}{\rightleftharpoons}} \text{琥珀酸} + HS \sim CoA + GTP$$

$$GTP + ADP \rightarrow ATP + GDP$$

（二）氧化磷酸化

氧化磷酸化是指在呼吸链电子传递过程中，释放能量使 ADP 磷酸化生成 ATP 的过程（图 5-5）。氧化磷酸化是氢的氧化过程与 ADP 的磷酸化过程之间的偶联，氧化过程的能量释放和磷酸化过程对能量的吸收形成了偶联的基础。

氧化磷酸化是机体生成 ATP 的主要方式。控制氧化磷酸化的速度就可以控制 ATP 的生成速度，从而使 ATP 生成量与机体的需要量协调一致，既满足机体需要量又不浪费能源物质。

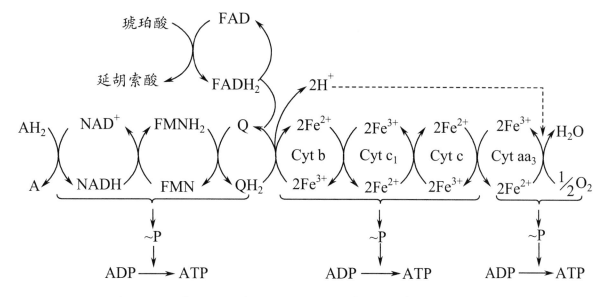

图 5-5　两条呼吸链氢或电子传递及氧化与磷酸化偶联部位

知识拓展

P/O 比值

P/O 比值是指氧化磷酸化过程中，每消耗 1/2mol 氧气所消耗的无机磷的摩尔数，即一对电子通过氧化呼吸链传递给氧所生成的 ATP 分子数。P/O 比值测定是研究氧化磷酸化最常用的方法，通过测定几种物质氧化时的 P/O 比值，可大致推测出偶联部位。近年实验证实，一对电子通过 NADH 呼吸链传递，P/O 比值约为 2.5；通过琥珀酸呼吸链传递，P/O 比值约为 1.5。

影响氧化磷酸化的因素主要有：

（1）ATP/ADP 比值的调节：ATP/ADP 比值是调节氧化磷酸化速度的重要因素。ATP/ADP 比值下降，氧化磷酸化速度加快；反之，当 ATP/ADP 比值升高时，则氧化磷酸化速度减慢。

（2）激素的调节：甲状腺激素可诱导细胞膜上 Na^+、K^+-ATP 酶的生成，使 ATP 水解增加，导致 ATP/ADP 比值下降，氧化磷酸化速度加快。甲状腺功能亢进症患者耗氧量和产热量均增加，基础代谢率增高。

（3）抑制剂的作用：一类是呼吸链抑制剂又叫电子传递抑制剂。如鱼藤酮、粉蝶霉素 A、异戊巴比妥等，它们可与复合体 Ⅰ 中的铁硫蛋白结合，阻断电子传递到 CoQ。又如抗霉素 A、二巯丙醇可抑制复合体 Ⅲ 中 Cyt b 到 Cyt c_1 间的电子传递。再如 CO、CN^-、H_2S 等，可抑制细胞色素氧化酶，阻断电子由 Cyt aa_3 到氧的传递（图 5-6）。这些抑制剂均为毒性物质，可使细胞内呼吸停止，与此相关的细胞生命活动中止，引起机体迅速死亡。另一类是解偶联剂,可使氧化与磷酸化偶联过程脱离。最常见的解偶联剂有二硝基苯酚(DNP)。DNP 为脂溶性分子,能从内膜外侧结合 H^+ 后自由穿过线粒体内膜进入膜内侧,结果使 H^+ 浓度梯度不能生成,氧化反应照样进行,而 ATP 的生成受阻。此外,人和哺乳类动物棕色脂肪组织的线粒体内膜中存在解偶联蛋白,可使氧化磷酸化解偶联。

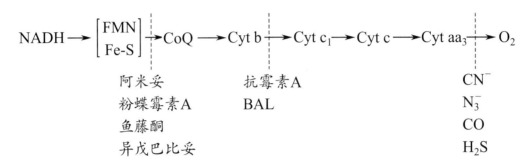

图 5-6　电子传递链抑制剂的作用部位

三、ATP 的利用和能量的转移

生物氧化过程释放的能量使 ADP 磷酸化生成 ATP,当机体进行生理活动时,ATP 分解为 ADP 和磷酸,释放出能量供机体所利用。ADP 与 ATP 的互相转换非常迅速,是体内能量转换最基本的方式。通过 ADP 与 ATP 的转化实现了体内能量的转移和利用。

ATP 是绝大多数生理活动的直接能源,但并非唯一能源,有些代谢也利用其他的三磷酸核苷酸作为直接供能者。如糖原合成由 UTP 直接供能,蛋白质合成时由 GTP 直接供能,磷脂合成由 CTP 直接供能等。但其他三磷酸核苷酸因参与合成反应转变为二磷酸核苷酸后,都需要 ATP 提供高能磷酸键重新生成相应的三磷酸核苷酸,同时 ATP 则转变为 ADP。所以,ATP 是机体最主要的直接能源物质。

$$ATP+UDP \rightarrow ADP+UTP$$
$$ATP+CDP \rightarrow ADP+CTP$$
$$ATP+GDP \rightarrow ADP+GTP$$

由于 ATP 含有两个高能磷酸键,其分子内部能量水平较高,稳定性较差,不易大量储存。当 ATP 合成量超过需要时,在肌酸激酶的催化下,ATP 将其分子中的一个高能磷酸键转移给肌酸,以磷酸肌酸(C~P)的形式贮存。而当机体能量供应不足时,在肌酸激酶的作用下,磷酸肌酸又将贮存的高能磷酸键转移 ADP 生成 ATP,以满足机体能量需要。磷酸肌酸不可直接利用,但其性质较稳定,可以大量储存。因此,磷酸肌酸是机体重要的能量贮存形式。

ATP 的生成、利用及储存概况见图 5-7。

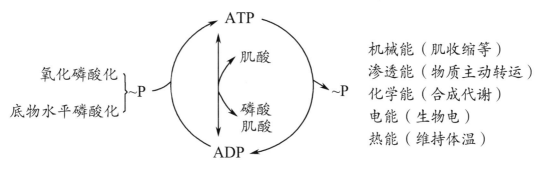

图 5-7　ATP 的生成、利用及储存

营养物质在生物体内氧化分解的过程称为生物氧化。主要是指糖、脂肪、蛋白质等营养物质在体内氧化分解生成 CO_2 和 H_2O,同时生成 ATP 的过程。ATP 是生物体内能量的转化、储存和利用的中心。CO_2 是有机酸脱羧基生成的。生物氧化过程中水是代谢物脱下的氢经呼吸链传递给氧而生成。氧化呼吸链是由位于线粒体内膜上,按一定顺序排列的酶和辅酶组成的,发挥递氢体和递电子体的作用。

人体内重要的氧化呼吸链有 NADH 氧化呼吸链和 $FADH_2$ 两条氧化呼吸链,是生成 ATP 的主要环节。ATP 生成的方式有底物水平磷酸化和氧化磷酸化两种,以后者为主。每传递 1 对电子,NADH 氧化呼吸链生成 2.5 分子 ATP,$FADH_2$ 氧化呼吸链生成 1.5 分子 ATP。影响氧化磷酸化的因素主要有 ADP 浓度、甲状腺激素、抑制剂。当 ATP 合成量超过需要时,ATP 可将其分子中的一个高能磷酸键转移给肌酸,以磷酸肌酸(C~P)的形式贮存。

（刘保东）

思考与练习

一、名词解释

1. 生物氧化　　2. 呼吸链　　3. 氧化磷酸化

二、填空题

1. ATP 是生物体内能量的_____、_____和_____的中心。

2. 体内重要的两条呼吸链是_____和_____,两条呼吸链传递氢和电子一次生成 ATP 数分别是_____和_____。

3. 体内生成 ATP 的主要方式为_____和_____。

4. 体内 CO_2 是通过＿＿＿＿的脱羧反应生成的。根据脱羧基的位置不同，可分为＿＿＿和＿＿＿。

三、简答题

1. 线粒体内两条呼吸链由哪些成分组成?

2. 影响氧化磷酸化的因素有哪些?

第六章 | 糖 代 谢

06章
06章 数字内容

1. 具有严谨求实的科学态度和辩证思维,培养关注糖尿病等糖代谢紊乱患者疾痛的职业素养和建设健康中国的责任担当。
2. 掌握糖的生理功能;糖无氧分解和糖有氧氧化的概念、主要反应过程、关键酶及生理意义;血糖的概念;高血糖和低血糖。
3. 熟悉糖原合成与分解的主要反应过程及生理意义;糖异生的概念及生理意义;血糖的来源与去路;血糖浓度的调节。
4. 了解糖的消化吸收;磷酸戊糖途径的主要反应过程及生理意义;糖异生的反应过程。

糖是自然界中广泛分布的一大类有机化合物,其化学本质为多羟基醛、多羟基酮及其衍生物或多聚物。几乎所有生物体内都有糖的存在,其主要的生理功能是提供生命活动必需的能源和碳源。人体含糖量约占其干重的 2%,糖原和葡萄糖是糖在人体内的主要存在形式,其中,糖原是机体能量的重要储存形式,葡萄糖则是机体内糖的主要运输形式,也是糖代谢的核心,故本章重点讨论葡萄糖的代谢。

第一节 概 述

一、糖的生理功能

1. 氧化供能 糖是人类食物的主要成分。1g 葡萄糖在体内彻底氧化成二氧化碳和水可释放 16.4kJ 的能量,其中近 40% 用于合成 ATP。机体正常生命活动所需能量的 50%~70% 就是由糖氧化提供的。当机体缺乏糖时,会动用脂肪,甚至动用蛋白质氧化供能。

2. 构成机体组织细胞 糖是组成人体组织结构的重要成分。糖与脂类结合形成的糖脂是神经组织和细胞膜的组成成分;与蛋白质结合形成的蛋白聚糖、糖蛋白参与构成结缔组织、软骨和骨的基质,具有支持和保护作用。

3. 参与构成生物活性物质　体内多种重要的生物活性物质均含有糖,如 NAD^+、FAD 等辅因子及 ATP、cGMP 等各种核苷酸均为糖的磷酸衍生物;各种血浆蛋白质、抗体和某些酶及激素中也含有糖。

二、糖的消化吸收

1. 食物中的糖　糖按照分子组成可分为单糖、寡糖和多糖三大类。人类食物中的多糖一般以淀粉为主,此外还包括纤维素和动物组织中的糖原等;寡糖主要包括乳糖、麦芽糖和蔗糖等双糖;单糖主要包括葡萄糖、果糖和半乳糖等。

2. 糖的消化　淀粉的消化始于口腔,完成于小肠。唾液中的唾液淀粉酶可催化淀粉分子内部的 α-1,4- 糖苷键水解。但由于食物在口腔中停留时间一般都不长,而胃中又缺乏水解糖类的酶,故食物淀粉的消化主要是在小肠中进行。小肠中含有胰淀粉酶等多种糖类水解酶,可催化淀粉水解生成糊精、麦芽糖等中间产物,最终水解生成葡萄糖。此外,食物中的蔗糖和乳糖等双糖进入小肠后,可在蔗糖酶和乳糖酶的分别作用下水解生成葡萄糖、果糖及半乳糖。

3. 糖的吸收　糖以单糖(主要是葡萄糖)的形式经肠黏膜吸收入血。小肠黏膜细胞主要通过主动运输的方式吸收葡萄糖,此过程需消耗能量。葡萄糖吸收入血后经门静脉入肝,其中有一小部分在肝内合成糖原或转变成其他物质,大部分则通过血液循环运送到全身各组织细胞进行代谢。

三、糖的代谢概况

糖代谢主要是指葡萄糖在体内进行的代谢反应(图 6-1)。其主要途径包括无氧氧化(糖酵解)、有氧氧化和磷酸戊糖途径等分解代谢途径,以及糖原的合成与分解、糖异生作用等。

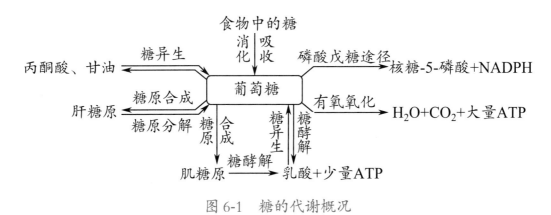

图 6-1　糖的代谢概况

第二节 糖的分解代谢

 导入案例

机体在做完剧烈运动后常会出现肌肉酸痛的现象。在未出现肌肉微细结构被破坏的前提下,对酸痛部位进行热敷和按摩,可有效地缓解相关症状。

请思考:1.机体在做完剧烈运动后为何会出现肌肉酸痛的现象?

2.对酸痛部位进行热敷和按摩,为何能缓解症状?

糖的分解代谢主要有无氧氧化(糖酵解)、有氧氧化和磷酸戊糖途径三条代谢途径,其具体方式在很大程度上受细胞供氧状况的影响。

一、糖的无氧氧化

在无氧或缺氧条件下,机体内的葡萄糖或糖原分解生成丙酮酸,再还原生成乳酸,并产生少量 ATP 的过程,称为糖的无氧氧化。因该过程与酵母菌的生醇发酵过程相似,故又称糖酵解。有关糖酵解的催化酶存在于细胞质中,故糖酵解在细胞质中进行。人体全身各组织细胞均可进行糖酵解,尤以红细胞、肌肉组织、皮肤和肿瘤组织代谢最为旺盛。

(一)糖酵解的反应过程

糖酵解途径的反应过程可分为两个阶段:第一阶段是由葡萄糖(或糖原)分解生成 3-磷酸甘油醛的过程,需消耗 ATP,为耗能阶段;第二阶段为 3-磷酸甘油醛转变为乳酸的过程,可生成 ATP,为产能阶段。

1. 由葡萄糖(或糖原)分解生成 3-磷酸甘油醛

(1)葡萄糖(或糖原)磷酸化生成葡糖 -6-磷酸:葡萄糖在己糖激酶(肝内为葡糖激酶)的催化下,消耗 1 分子 ATP 磷酸化生成葡糖 -6-磷酸。此反应为不可逆的耗能反应,所需能量来自 ATP 的分解。反应的催化酶己糖激酶(肝内为葡糖激酶)是糖酵解途径的第一个关键酶。若以糖原为底物开始糖酵解反应,则糖原先在磷酸化酶催化下磷酸解为葡糖 -1-磷酸,葡糖 -1-磷酸再由变位酶催化转变为葡糖 -6-磷酸,此过程不需要消耗 ATP。

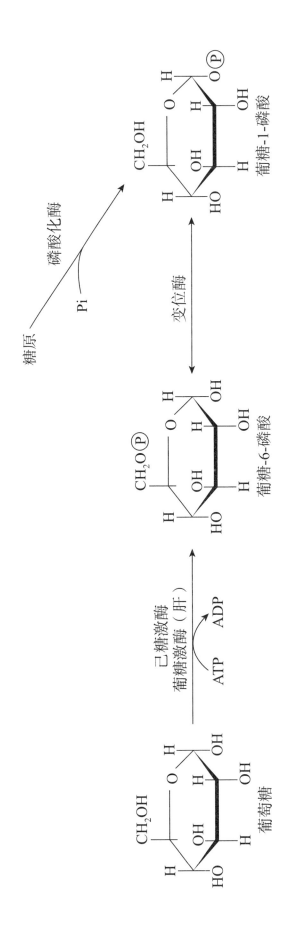

葡萄糖

己糖激酶
葡糖激酶（肝）

ATP → ADP

葡糖-6-磷酸

变位酶

葡糖-1-磷酸

Pi

磷酸化酶

糖原

（2）葡糖 -6- 磷酸异构化转变为果糖 -6- 磷酸：经磷酸己糖异构酶催化，葡糖 -6- 磷酸异构化生成果糖 -6- 磷酸。

葡糖-6-磷酸　　磷酸己糖异构酶　　果糖-6-磷酸

（3）果糖 -6- 磷酸磷酸化生成果糖 -1, 6- 二磷酸：果糖 -6- 磷酸在磷酸果糖激酶 -1 的催化下，由 ATP 提供能量和磷酸基团，不可逆地进一步磷酸化生成果糖 -1, 6- 二磷酸。此反应消耗 1 分子 ATP，催化酶磷酸果糖激酶 -1 是糖酵解途径的第二个关键酶。

果糖-6-磷酸　　磷酸果糖激酶-1　　ATP　　ADP　　果糖-1，6-二磷酸

（4）果糖 -1, 6- 二磷酸裂解成 2 分子磷酸丙糖：在醛缩酶的催化下，果糖 -1, 6- 二磷酸裂解为磷酸二羟丙酮和 3- 磷酸甘油醛。

果糖-1，6-二磷酸　　醛缩酶　　3-磷酸甘油醛　　磷酸二羟丙酮

磷酸二羟丙酮和 3- 磷酸甘油醛为同分异构体，可在磷酸丙糖异构酶的催化下互相转变。由于 3- 磷酸甘油醛可经糖酵解的后续反应不断地被消耗，此处生成的磷酸二羟丙酮最终也可全部转变为 3- 磷酸甘油醛，再沿糖酵解途径继续代谢，故 1 分子果糖 -1, 6- 二磷酸在此相当于生成 2 分子的 3- 磷酸甘油醛。

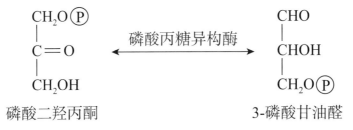

磷酸二羟丙酮　　　　　　　　　　　　3-磷酸甘油醛

2. 由 3- 磷酸甘油醛生成乳酸

（1）2×3- 磷酸甘油醛氧化为 2×1,3- 二磷酸甘油酸：在无机磷酸存在的条件下，3- 磷酸甘油醛由以 NAD^+ 为辅酶的 3- 磷酸甘油醛脱氢酶作用，脱氢氧化，同时被磷酸化生成含有一个高能磷酸键的 1,3- 二磷酸甘油酸，脱下的氢由 NAD^+ 接受生成 $NADH+H^+$。

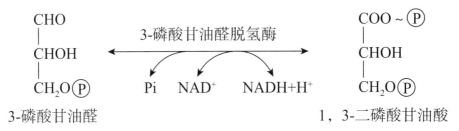

3-磷酸甘油醛　　　　　　　　　　　　1,3-二磷酸甘油酸

（2）2×1,3- 二磷酸甘油酸生成 2×3- 磷酸甘油酸：1,3- 二磷酸甘油酸在 3- 磷酸甘油酸激酶的催化下，将其分子内的高能磷酸键转移给 ADP 生成 ATP，自身转变为 3- 磷酸甘油酸。这种将反应物分子内部的高能磷酸键直接转移给 ADP 生成 ATP 的方式称为底物水平磷酸化。1 分子葡萄糖分解生成的 1,3- 二磷酸甘油酸在此处共可生成 2 分子 ATP。

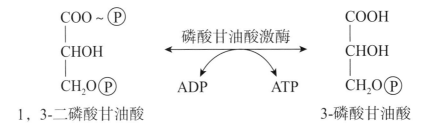

1,3-二磷酸甘油酸　　　　　　　　　　3-磷酸甘油酸

（3）2×3- 磷酸甘油酸转变为 2×2- 磷酸甘油酸：在磷酸甘油酸变位酶的催化下，3- 磷酸甘油酸分子内的磷酸基团从 C_3 转移至 C_2，生成 2- 磷酸甘油酸。

3-磷酸甘油酸　　　　　　　　　　　　2-磷酸甘油酸

（4）2×2- 磷酸甘油酸脱水生成 2× 磷酸烯醇式丙酮酸：2- 磷酸甘油酸在烯醇化酶的催化下，脱水生成含有一个高能磷酸键的磷酸烯醇式丙酮酸。

COOH
|
CHO(P)
|
CH₂OH
2-磷酸甘油酸

烯醇化酶 → H₂O

COOH
|
CO ~ (P)
‖
CH₂
磷酸烯醇式丙酮酸

（5）2× 磷酸烯醇式丙酮酸转变为 2× 丙酮酸：在丙酮酸激酶的催化下，磷酸烯醇式丙酮酸将其分子内部的高能磷酸键转移给 ADP，以底物水平磷酸化的方式生成 ATP，自身转变为丙酮酸。此反应为不可逆反应，1 分子葡萄糖分解生成的磷酸烯醇式丙酮酸在此处共可生成 2 分子 ATP。丙酮酸激酶是糖酵解途径的第三个关键酶。

COOH
|
CO ~ (P)
‖
CH₂
磷酸烯醇式丙酮酸

丙酮酸激酶　ADP → ATP

COOH
|
C=O
|
CH₃
丙酮酸

（6）2× 丙酮酸还原生成 2× 乳酸：在缺氧情况下，丙酮酸在乳酸脱氢酶的催化下，以 NADH+H⁺ 为供氢体，还原生成乳酸。反应所需的 NADH+H⁺ 可来自糖酵解途径中 3- 磷酸甘油醛脱氢生成 1,3- 二磷酸甘油酸的反应。

COOH
|
C=O
|
CH₃
丙酮酸

乳酸脱氢酶　NADH+H⁺ → NAD⁺

COOH
|
CHOH
|
CH₃
乳酸

糖酵解途径的反应全过程可归纳为图 6-2。

（二）糖酵解的能量变化

如果从葡萄糖开始糖酵解反应，其第一阶段为耗能阶段，有两步磷酸化耗能反应，共消耗 2 分子 ATP；第二阶段为产能阶段，有两步底物水平磷酸化的产能反应，由于 1 分子果糖 -1,6- 二磷酸裂解相当于生成 2 分子的 3- 磷酸甘油醛，故这两步产能反应可各生成 2 分子 ATP，因此 1 分子葡萄糖经糖酵解生成 2 分子乳酸可净生长 2 分子 ATP。如果从糖原开始糖酵解反应，因耗能阶段少消耗 1 分子 ATP，可净生长 3 分子 ATP。

（三）糖酵解的关键酶

己糖激酶（肝内为葡糖激酶）、磷酸果糖激酶 -1 和丙酮酸激酶是糖酵解途径的关键酶，其中磷酸果糖激酶 -1 为限速酶。这三个酶所催化的反应是不可逆的，调节它们的活性即可改变糖酵解的反应速度和方向。

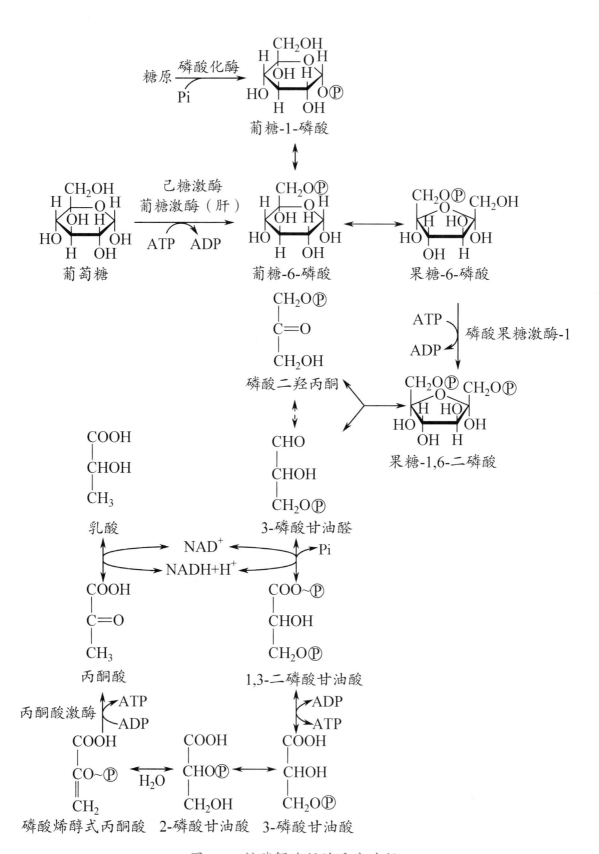

图 6-2 糖酵解途径的反应过程

（四）糖酵解的生理意义

1. 机体迅速获取能量的有效方式 糖酵解最重要的生理意义在于其可为机体迅速提供能量，该生理意义对肌肉组织尤为重要。每克肌肉组织中 ATP 的贮备量仅为 5~7μmol，只要肌肉收缩几秒钟即全部耗尽。因糖的有氧氧化反应过程较长，产能速度比糖酵解要慢很多，故即使此时不缺乏氧气，肌肉组织仍难于通过有氧氧化来及时满足其能量需求，而通过糖酵解则可迅速获得所需的 ATP。

2. 少数组织的主要能量来源 成熟红细胞因缺乏线粒体，其能量完全依赖于糖酵解提供。少数组织如肾髓质、睾丸、皮肤、视网膜等，即便在有氧条件下，也主要依靠糖酵解供能。此外，神经、白细胞、骨髓等组织细胞代谢极为活跃，即使不缺氧，也常由糖酵解提供部分能量。肿瘤细胞也以糖酵解作为主要的供能途径。

3. 机体在缺氧等特殊情况下的主要供能方式 一般情况下，人体大部分能量来源于糖的有氧氧化，但当机体相对缺氧或因剧烈运动局部肌肉供血相对不足时，则主要来源于糖酵解。人们从平原初到高原时，机体即可通过加强糖酵解来适应高原缺氧的环境。此外，在呼吸障碍、大量失血、严重贫血、循环衰竭等病理情况下，机体因长期供氧不足而导致糖酵解代偿性增强，甚至可因糖酵解过度使体内乳酸堆积而引起乳酸酸中毒。

 知识拓展

糖酵解途径的发现历史

1857 年法国科学家巴斯德（L.Pasteur）发现葡萄糖在无氧条件下被酵母菌分解生成乙醇的现象；1897 年德国的巴克纳兄弟（Hans Buchner 和 Edward Buchner）发现酵母汁可将蔗糖变为酒精，证明了发酵可在活细胞外进行；1905 年哈登（Arthur Harden）和扬（William Young）证明了无机磷酸盐在发酵中的作用；1940 年德国的生物化学家恩伯顿（Gustar Embden）、迈耶霍夫（Otto Meyerhof）和帕那斯（J.K.Parnas）等在前人工作的基础上，经过约 20 年的努力，终于阐明了糖酵解的整个代谢途径，并揭示了生物化学过程的普遍性。因此糖酵解途径又称 Embden-Meyerhof-Parnas Pathway（简称 EMP 途径）。

二、糖的有氧氧化

在有氧条件下，机体内的葡萄糖或糖原彻底氧化生成 CO_2 和 H_2O，并逐步释放能量的过程，称为糖的有氧氧化。糖有氧氧化的产能效率比糖酵解要高十几倍，故有氧氧化是糖氧化供能的主要方式,体内绝大多数组织细胞都可通过糖的有氧氧化获得能量。

(一)糖有氧氧化的反应过程

糖有氧氧化的反应过程分为三个阶段。第一阶段:葡萄糖在细胞质中分解为丙酮酸;第二阶段:丙酮酸进入线粒体内氧化脱羧生成乙酰 CoA;第三阶段:乙酰 CoA 经三羧酸循环及氧化磷酸化彻底氧化为水和二氧化碳。其中,氧化磷酸化已在第五章生物氧化中进行了详细阐述,此处主要介绍三羧酸循环。

1. 葡萄糖分解生成丙酮酸　这一阶段反应过程与糖酵解基本相似,区别在于有氧条件下,葡萄糖在细胞质中分解生成 2 分子丙酮酸后,不再受氢还原生成乳酸,而是进入线粒体内继续氧化。

2. 丙酮酸氧化脱羧生成乙酰 CoA　丙酮酸进入线粒体后,在丙酮酸脱氢酶复合体催化下不可逆地氧化脱氢、脱羧,并与 HSCoA 结合生成乙酰 CoA。反应中,丙酮酸氧化所释放的能量以高能硫酯键的形式储存于乙酰 CoA 分子中。

$$
\begin{array}{c}
COOH \\
| \\
C{=}O \ + \ HSCoA \\
| \\
CH_3
\end{array}
\quad
\xrightarrow[\ NAD^+ \quad NADH+H^+\ ]{\text{丙酮酸脱氢酶复合体}}
\quad
\begin{array}{c}
O \\
\| \\
CH_3C \sim SCoA
\end{array}
+ \ CO_2
$$

丙酮酸　　　辅酶A　　　　　　　　　　　　　　　　　乙酰辅酶A

丙酮酸脱氢酶复合体为糖有氧氧化的关键酶之一。该酶位于线粒体内膜上,由丙酮酸脱氢酶(以 TPP 为辅因子)、二氢硫辛酰胺转乙酰酶(以硫辛酸和 HSCoA 为辅因子)及二氢硫辛酰胺脱氢酶(以 FAD 和 NAD$^+$ 为辅因子)三种酶按一定数量比例组合成酶复合体,使酶的催化效率和调节能力显著提高。由于丙酮酸脱氢酶复合体的辅因子需要多种维生素参与构成,故当有关的维生素缺乏时,可引起糖代谢障碍而导致某些疾病。

3. 三羧酸循环　三羧酸循环是乙酰 CoA 彻底氧化的代谢途径。该途径从乙酰 CoA 与草酰乙酸缩合生成柠檬酸开始,经一系列的酶促反应,使 1 分子乙酰基彻底氧化,最终重新生成草酰乙酸,形成一个循环反应过程。由于循环反应的第一个中间产物是含有 3 个羧基的柠檬酸,故被称为三羧酸循环,又称柠檬酸循环。该循环是在 1937 年由德国科学家克雷布斯(Krebs)提出的,故亦称 Krebs 循环。

三羧酸循环在线粒体中进行,共由 8 步反应组成。

(1)柠檬酸的生成:乙酰 CoA 在柠檬酸合酶的催化下,与草酰乙酸缩合,不可逆地生成柠檬酸。缩合反应所需能量由乙酰 CoA 分子中的高能硫酯键水解提供。柠檬酸合酶是三羧酸循环的第一个关键酶。

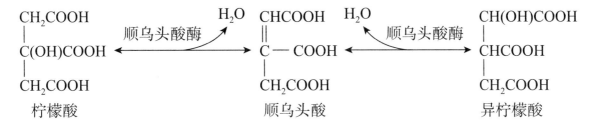

乙酰辅酶A   草酰乙酸   柠檬酸   辅酶A

（2）柠檬酸的异构化：在顺乌头酸酶的催化下，柠檬酸先脱水生成顺乌头酸，再加水转变为异柠檬酸，使原本位于柠檬酸 C_3 上的羟基转移到异柠檬酸 C_2 上。

$$
\begin{array}{ccccc}
\text{CH}_2\text{COOH} & & \text{CHCOOH} & & \text{CH(OH)COOH} \\
| & \xrightarrow{\text{顺乌头酸酶}} & \| & \xleftarrow{\text{顺乌头酸酶}} & | \\
\text{C(OH)COOH} & & \text{C}-\text{COOH} & & \text{CHCOOH} \\
| & & | & & | \\
\text{CH}_2\text{COOH} & & \text{CH}_2\text{COOH} & & \text{CH}_2\text{COOH} \\
\text{柠檬酸} & & \text{顺乌头酸} & & \text{异柠檬酸}
\end{array}
$$

（3）异柠檬酸的氧化脱羧：异柠檬酸在异柠檬酸脱氢酶的作用下，不可逆地脱氢、脱羧生成 α-酮戊二酸，脱下的氢由 NAD^+ 接受生成 $NADH+H^+$。异柠檬酸脱氢酶是三羧酸循环的第二个关键酶。

$$
\begin{array}{ccc}
\text{CH(OH)COOH} & & \text{COCOOH} \\
| & \xrightarrow[\text{异柠檬酸脱氢酶}]{} & | \\
\text{CHCOOH} & & \text{CH}_2 \\
| & & | \\
\text{CH}_2\text{COOH} & & \text{CH}_2\text{COOH} \\
\text{异柠檬酸} & \text{NAD}^+ \quad \text{NADH+H}^+ \quad \text{CO}_2 & \text{α-酮戊二酸}
\end{array}
$$

（4）α-酮戊二酸的氧化脱羧：在 α-酮戊二酸脱氢酶复合体的催化下，α-酮戊二酸不可逆地脱羧、脱氢，并与 HSCoA 结合生成琥珀酰 CoA，脱下的氢由 NAD^+ 接受生成 $NADH+H^+$。琥珀酰 CoA 是一种分子中含有高能硫酯键的高能化合物。α-酮戊二酸脱氢酶复合体是三羧酸循环的第三个关键酶。

$$
\begin{array}{ccc}
\text{COCOOH} & & \text{CO}\sim\text{SCoA} \\
| & \xrightarrow[\text{α-酮戊二酸脱氢酶复合体}]{} & | \\
\text{CH}_2 \quad +\text{HSCoA} & & \text{CH}_2 \quad +\text{CO}_2 \\
| & & | \\
\text{CH}_2\text{COOH} & \text{NAD}^+ \quad \text{NADH+H}^+ & \text{CH}_2\text{COOH} \\
\text{α-酮戊二酸} & & \text{琥珀酰辅酶A}
\end{array}
$$

（5）琥珀酰 CoA 偶联的底物水平磷酸化：琥珀酰 CoA 经由琥珀酰 CoA 合成酶催化，分子中的高能硫酯键水解，生成琥珀酸，释放的能量使 GDP 磷酸化生成 GTP。GTP 可将其高能磷酸键转移给 ADP 生成 ATP，这是三羧酸循环中唯一一步以底物水平磷酸化方式生成 ATP 的反应。

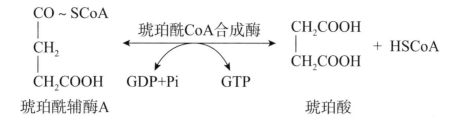

琥珀酰辅酶A　琥珀酰CoA合成酶　琥珀酸

（6）琥珀酸的氧化脱氢：在琥珀酸脱氢酶的作用下，琥珀酸脱氢氧化生成延胡索酸。脱下的氢传递给琥珀酸脱氢酶的辅基FAD，使之还原为$FADH_2$。

琥珀酸　琥珀酸脱氢酶　延胡索酸

（7）延胡索酸的水化：延胡索酸经延胡索酸酶催化，加水生成苹果酸。

延胡索酸　延胡索酸酶　苹果酸

（8）草酰乙酸的再生：在苹果酸脱氢酶的催化下，苹果酸氧化脱氢生成草酰乙酸，脱下的氢由NAD^+接受生成$NADH+H^+$。草酰乙酸生成后可进入新一轮的三羧酸循环。

CH(OH)COOH　苹果酸脱氢酶　COCOOH
|　　　　　　　　　　　　　　　|
CH_2COOH　　　NAD^+　$NADH+H^+$　CH_2COOH
苹果酸　　　　　　　　　　　　　草酰乙酸

三羧酸循环的反应全过程可归纳为如图6-3所示。

在三羧酸循环过程中，草酰乙酸等中间产物可视为循环的载体，理论上可重复利用而不被消耗。但实际上因这些中间产物亦可参与其他代谢途径，导致数量减少，故必须不断通过各种途径加以更新和补充，才能保证三羧酸循环的正常运转。如草酰乙酸可由丙酮酸羧化生成，亦可由天冬氨酸转氨提供。

三羧酸循环1次可生成10分子ATP。每次三羧酸循环有2步脱羧反应，可生成2分子CO_2，这是机体CO_2的主要来源；另有4步脱氢反应，脱下的H以NAD^+或FAD为受氢体，再经线粒体内膜上的呼吸链传递氧化生成水，所释放的能量可分别生成2.5或1.5分子ATP（详见第五章）。

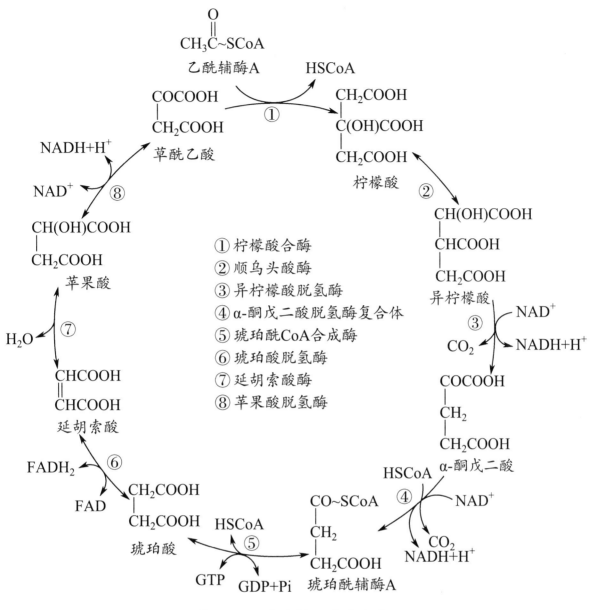

图 6-3 三羧酸循环的反应过程

（二）糖有氧氧化的能量变化

1分子葡萄糖经有氧氧化彻底氧化成 CO_2 和 H_2O，可净生成32（或30）分子 ATP，是糖酵解的16（或15）倍，其中有20分子 ATP 是由三羧酸循环产生的（表6-1）。

表6-1　葡萄糖有氧氧化生成的 ATP 数

反应阶段	基本反应过程	ATP 生成数
第一阶段	葡萄糖→葡糖-6-磷酸	−1
	果糖-6-磷酸→果糖-1,6-二磷酸	−1
	2×3-磷酸甘油醛→2×1,3-二磷酸甘油酸	2×2.5（或2×1.5）*
	2×1,3-二磷酸甘油酸→2×3-磷酸甘油酸	2×1

反应阶段	基本反应过程	ATP 生成数
	2× 磷酸烯醇式丙酮酸→2× 丙酮酸	2×1
第二阶段	2× 丙酮酸→2× 乙酰辅酶 A	2×2.5
第三阶段	2× 异柠檬酸→2×α- 酮戊二酸	2×2.5
	2×α- 酮戊二酸→2× 琥珀酰辅酶 A	2×2.5
	2× 琥珀酰辅酶 A→2× 琥珀酸	2×1
	2× 琥珀酸→2× 延胡索酸	2×1.5
	2× 苹果酸→2× 草酰乙酸	2×2.5
净生成		32（或 30）

注：* 细胞质中生成的 $NADH+H^+$ 进入线粒体的方式不同，产生 ATP 分子数亦不同（详见第五章）。

（三）糖有氧氧化的关键酶

糖的有氧氧化有多个关键酶，其中第一阶段有己糖激酶（肝内为葡糖激酶）、磷酸果糖激酶 -1 和丙酮酸激酶三个关键酶；第二阶段的关键酶为丙酮酸脱氢酶复合体；第三阶段则以柠檬酸合酶、异柠檬酸脱氢酶（主要的限速酶）、α- 酮戊二酸脱氢酶复合体为关键酶。上述关键酶催化的反应均为不可逆反应，是糖有氧氧化的调节位点，调节其活性可改变代谢的速度和方向。

（四）糖有氧氧化的生理意义

1. 糖有氧氧化是机体供能的主要途径　糖有氧氧化的产能效率很高，在一般生理情况下，人体内大多数组织细胞均通过糖的有氧氧化获取能量。

2. 三羧酸循环是糖、脂肪、蛋白质彻底氧化的共同通路　三大营养物质进行生物氧化时，均须先通过各自不同的代谢途径分解生成乙酰 CoA，再进入三羧酸循环才能被彻底氧化。

3. 三羧酸循环是三大营养物质代谢联系的枢纽　三大营养物质在体内可相互转化，三羧酸循环的许多中间产物是它们相互转化互相联系的关键物质。

 知识拓展

巴斯德效应

1861 年巴斯德（L.Pasteur）在研究酵母的乙醇发酵时发现，向厌氧条件下高速发酵的培养基中通入氧气，则葡萄糖消耗大为减少，发酵产物的积累受到抑制，该现象称为巴斯德效应。其原理在于细胞从糖有氧氧化获得的能量,远多于等量糖酵解获得的能量。故酵母在氧气充足时生醇发酵会受到抑制,主要以有氧氧化获得维持生命活动所需的能量,此时消耗的葡萄糖比缺氧时要少得多。巴斯德效应表明,糖酵解是一条能帮助很多生物度过恶劣环境的代谢途径,但它并不经济。

三、磷酸戊糖途径

磷酸戊糖途径是糖酵解途径的一条旁路。该途径主要在肝、脂肪组织、泌乳期乳腺、红细胞、肾上腺皮质、性腺等组织细胞的细胞质中进行,主要特点是生成磷酸戊糖、$NADPH+H^+$ 和 CO_2,不能直接生成 ATP。

(一)磷酸戊糖途径的反应过程

磷酸戊糖途径以葡糖 -6- 磷酸为起始物,整个反应过程可分为两个阶段(图 6-4)。

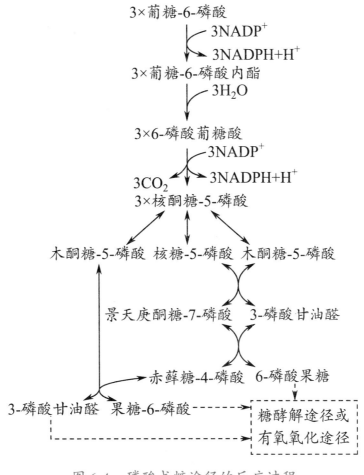

图 6-4　磷酸戊糖途径的反应过程

1. 磷酸戊糖的生成　葡糖 -6- 磷酸经由葡糖 -6- 磷酸脱氢酶及 6- 磷酸葡糖酸脱氢酶(均以 $NADP^+$ 为辅酶)依次催化,脱氢脱羧转变为核酮糖 -5- 磷酸,并生成 2 分子 $NADPH+H^+$ 及 1 分子 CO_2。葡糖 -6- 磷酸脱氢酶为磷酸戊糖途径的限速酶。核酮糖 -5-

磷酸在磷酸戊糖异构酶和磷酸戊糖差向异构酶的作用下，分别生成核糖 -5- 磷酸和木酮糖 -5- 磷酸。

2. 基团转移反应　核糖 -5- 磷酸及木酮糖 -5- 磷酸在转酮醇酶和转醛醇酶的催化下，经过一系列基团转移反应，转变为果糖 -6- 磷酸和 3- 磷酸甘油醛。果糖 -6- 磷酸和 3- 磷酸甘油醛作为磷酸戊糖途径的终产物，可转入糖酵解途径继续代谢。

（二）磷酸戊糖途径的生理意义

与其他糖分解代谢途径不同，磷酸戊糖途径的主要生理意义是生成核糖 -5- 磷酸和 NADPH+H$^+$，而不在于氧化供能。

1. 为核苷酸及核酸的生物合成提供原料　核糖 -5- 磷酸是核苷酸和核酸生物合成的重要原料，而磷酸戊糖途径则是机体生成核糖 -5- 磷酸的主要途径。

2. 提供 NADPH 作为供氢体参与多种代谢反应　①参与机体多种合成代谢。体内脂肪酸、胆固醇及类固醇激素等物质的生物合成均需要 NADPH 作为供氢体。② NADPH 是谷胱甘肽还原酶的辅酶。这对维持细胞中还原型谷胱甘肽（GSH）的正常含量起重要作用。GSH 具有抗氧化作用，可保护血红蛋白、酶和膜蛋白上的巯基免受氧化剂的破坏，对维持红细胞等的正常功能与寿命有重要意义。③参与肝内的生物转化作用。与体内多种类固醇化合物的代谢，以及药物、毒物的生物转化作用有关（详见第九章肝的生物化学）。

 知识拓展

蚕 豆 病

蚕豆病是葡糖 -6- 磷酸脱氢酶缺乏症的一种遗传性疾病，因患者常在进食蚕豆后发病而得名。该病是一种 X 连锁遗传性酶缺乏病，全世界约 2 亿人罹患此病。我国是此病的高发区之一，主要分布在长江以南各省，尤以海南、广东、广西、云南、贵州、四川等省为最。该病的发病原因是患者体内缺乏葡糖 -6- 磷酸脱氢酶，无法通过磷酸戊糖途径获得充足的 NADPH 来维持谷胱甘肽的还原状态，致使红细胞难以抵抗氧化损伤而易遭受破坏，引发溶血性黄疸。

第三节　糖原的合成和分解

糖原是由葡萄糖缩合而成的大分子多分支多糖，分子中的葡萄糖残基通过 α-1，4-糖苷键相连构成直链，支链以 α-1，6- 糖苷键与直链相连。作为糖在体内的储存形式，糖原可被迅速分解利用，以供机体急需，具有特殊的生理意义。体内许多组织细胞都含有糖原，其中以肝糖原和肌糖原含量最高，且两者的生理意义有很大不同。肝糖原总量为 70~100g，是血糖的重要来源，对维持血糖浓度的恒定具有重要意义；肌糖原总量为 180~300g，主要功能是分解提供肌肉收缩所需的能量，不能直接补充血糖。

一、糖原的合成

由单糖（主要是葡萄糖）合成糖原的过程称为糖原合成。肝脏和肌肉是合成糖原的主要组织，其主要过程如下：

1. 葡萄糖磷酸化生成葡糖 -6- 磷酸

$$\text{葡萄糖+ATP} \xrightarrow[\text{葡糖激酶（肝）}]{\text{己糖激酶}} \text{葡糖-6-磷酸 + ADP}$$

2. 葡糖 -6- 磷酸转变为葡糖 -1- 磷酸

$$\text{葡糖-6-磷酸} \xleftrightarrow{\text{磷酸葡糖变位酶}} \text{葡糖-1-磷酸}$$

3. 葡糖 -1- 磷酸生成尿苷二磷酸葡糖（UDPG）

$$\text{葡糖-1-磷酸+UTP} \xrightarrow{\text{UDPG焦磷酸化酶}} \text{UDPG + PPi（焦磷酸）}$$

尿苷二磷酸葡糖（UDPG）性质较为活泼，可看做"活性葡萄糖"，是糖原合成中葡萄糖基的直接供体，其结构如下所示：

4. UDPG 合成糖原

$$\text{UDPG+糖原（G}_n\text{）} \xrightarrow{\text{糖原合酶}} \text{UDP + 糖原（G}_{n+1}\text{）}$$

在糖原合酶的催化下，UDPG 将其分子中的葡萄糖基转移给糖原引物（G_n）以 α-1，4 糖苷键连接，使其增加 1 个葡萄糖单位（G_{n+1}）。此步反应不可逆，糖原合酶为糖原合成的关键酶，糖原引物是指细胞内原有的小分子糖原。上述反应反复进行，可使糖原分子的直链不断延长。

糖原合成的研究

糖原合成过程中,作为引物的第一个糖原分子从何而来,过去一直不大清楚。近年来,科学家们在糖原分子的核心发现一种特殊的蛋白质称为 glycogenin,该蛋白质可作为葡萄糖基的受体,在糖原起始合成酶的催化下,将 UDPG 提供的葡萄糖基结合到其酪氨酸残基上,进而合成一寡糖链作为引物,再由糖原合酶继续催化合成糖原。

5. 分支的形成 糖原合酶只能催化糖链不断延长,而不能形成新的分支。故当糖链长度达到 12~18 个葡萄糖残基时,需由分支酶催化,将一段长 6~7 个葡萄糖残基的糖链转移到邻近的糖链上,以 α-1,6- 糖苷键相连,形成新的分支(图 6-5)。不断重复上述过程,糖原分子即可由小变大,分支由少变多。多分支不仅可增加糖原的水溶性,有利其储存;还可增加非还原端的数目,有利于糖原的磷酸化分解。

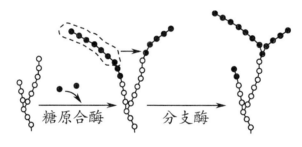

图 6-5 糖原的合成

二、糖原的分解

糖原分解一般是指糖原分解为葡萄糖的过程。因其所需的酶与糖原合成不完全相同,故糖原分解并非糖原合成的逆过程。其反应过程如下:

1. 糖原磷酸解为葡糖 -1- 磷酸

$$糖原(G_n)+H_3PO_4 \xrightarrow{\text{糖原磷酸化酶}} 糖原(G_{n-1})+葡糖\text{-}1\text{-}磷酸$$

在糖原磷酸化酶作用下,糖原从非还原端开始逐个分解出葡萄糖基,后者磷酸化生成葡糖 -1- 磷酸。糖原磷酸化酶为糖原分解的关键酶,该酶只能分解 α-1,4- 糖苷键,对 α-1,6- 糖苷键无作用。故当糖原分支上的糖链在该酶作用下,磷酸解到只剩 4 个葡萄糖残基时,需由脱支酶催化,先将该分支近末端侧的 3 个葡萄糖残基转移到邻近的糖链末端,仍以 α-1,4- 糖苷键连接。分支上剩下的最后一个以 α-1,6- 糖苷键与主链相连接的葡萄糖残基,则在脱支酶的进一步作用下,水解生成游离的葡萄糖,从而使糖原分子脱去分支。

2. 葡糖 -1- 磷酸转变为葡糖 -6- 磷酸

$$葡糖\text{-}1\text{-}磷酸 \underset{磷酸葡糖变位酶}{\rightleftharpoons} 葡糖\text{-}6\text{-}磷酸$$

3. 葡糖 -6- 磷酸水解生成葡萄糖

$$葡糖\text{-}6\text{-}磷酸 + H_2O \xrightarrow{\text{葡糖\text{-}6\text{-}磷酸酶}} 葡萄糖 + H_3PO_4$$

在葡糖 -6- 磷酸酶催化下,6- 磷酸葡萄糖水解生成葡萄糖。由于葡糖 -6- 磷酸酶主要存在于肝和肾中,肌肉中缺乏此酶,故肝、肾的糖原可直接分解为葡萄糖以补充血糖,肌糖原则不能直接分解为葡萄糖,其分解生成的葡糖 -6- 磷酸须通过糖酵解生成乳酸,再由血液循环运输到肝、肾,经糖异生作用方可转变为葡萄糖以补充血糖。

上述糖原合成与分解的反应全过程归纳见图6-6。

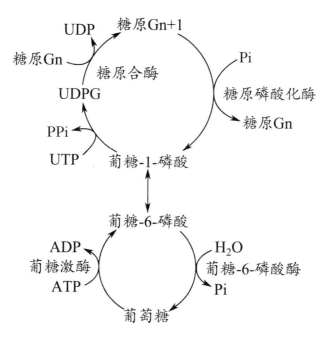

图 6-6　肝糖原合成与分解过程示意图

知识拓展

糖原贮积症

糖原贮积症(GSD)是一类常染色体相关的遗传性代谢病。主要病因为先天性糖代谢酶缺陷而引发糖原代谢障碍,大量糖原沉积于肝脏、肌肉、肾脏等器官组织中而致病。根据临床表现和生化特征,糖原贮积症可分为多种类型。不同的类型因所缺乏的酶种类不同,其受累器官和临床表现各异。其中Ⅰ、Ⅲ、Ⅳ、Ⅵ和Ⅸ型以肝脏病变为主,Ⅱ、Ⅴ和Ⅶ型以肌肉组织受损为主。重症患者在新生儿期即可出现严重的低血糖、酸中毒、呼吸困难和肝大等症状,而轻症病例则常在婴幼儿期因生长迟缓、腹部膨胀等就诊而被发现。

第四节　糖异生作用

糖异生作用是指非糖物质转变为葡萄糖或糖原的过程。能转变为糖的非糖物质主要有乳酸、丙酮酸、甘油和生糖氨基酸等。肝是糖异生最主要的器官,其次是肾。正常情况下肾的糖异生能力仅为肝的 1/10,而在长期饥饿时,肾的糖异生能力可大大增强。

一、糖异生途径

体内的多种非糖物质均可生成葡萄糖,但糖异生途径一般特指由丙酮酸生成葡萄糖的反应过程。其他非糖物质可先转变为丙酮酸或上述糖异生途径的中间产物,再异生为葡萄糖。

糖异生途径基本上是糖酵解途径的逆过程,其多数反应是可逆共有的。但在糖酵解途径中,己糖激酶、磷酸果糖激酶 -1 和丙酮酸激酶催化的三步反应是不可逆的,通常称之为"能障"反应。故在糖异生途径中,这些"能障"反应必须通过其他酶的催化方能逆转,使非糖物质顺利转变成葡萄糖。这些克服"能障"反应的酶为糖异生的关键酶,其具体作用过程如下:

1. 丙酮酸转变为磷酸烯醇式丙酮酸　糖酵解的第一步"能障"反应是在丙酮酸激酶的催化下,磷酸烯醇式丙酮酸生成丙酮酸。在糖异生中,丙酮酸必须在丙酮酸羧化酶和磷酸烯醇式丙酮酸羧激酶的催化下,经过两步耗能反应才能跨过该"能障",生成磷酸烯醇式丙酮酸。此过程亦称丙酮酸羧化支路。

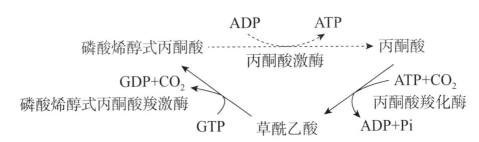

2. 果糖 -1,6- 二磷酸生成果糖 -6- 磷酸　果糖 -6- 磷酸在磷酸果糖激酶 -1 的催化下磷酸化生成果糖 -1,6- 二磷酸是糖酵解的第二步"能障"反应。在糖异生中,果糖 -1,6-二磷酸可在果糖二磷酸酶的作用下水解生成果糖 6- 磷酸,克服该"能障"。

$$\text{果糖-6-磷酸} \underset{\underset{\text{Pi} \quad \text{果糖二磷酸酶} \quad H_2O}{\longleftarrow}}{\overset{\overset{\text{ATP} \quad \text{6-磷酸果糖激酶-1} \quad \text{ADP}}{\longrightarrow}}{}} \text{果糖-1，6-二磷酸}$$

3. 葡糖 -6- 磷酸生成葡萄糖　葡萄糖经己糖激酶催化生成葡糖 -6- 磷酸是糖酵解的最后一步"能障"反应。在糖异生中，葡糖 -6- 磷酸可在葡糖 -6- 磷酸酶的催化下越过该"能障"，水解生成葡萄糖。

$$\text{葡萄糖} \underset{\underset{\text{Pi} \quad \text{葡糖-6-磷酸酶} \quad H_2O}{\longleftarrow}}{\overset{\overset{\text{ATP} \quad \text{己糖激酶} \quad \text{ADP}}{\longrightarrow}}{}} \text{葡糖-6-磷酸}$$

糖异生与糖酵解的关系见图6-7。

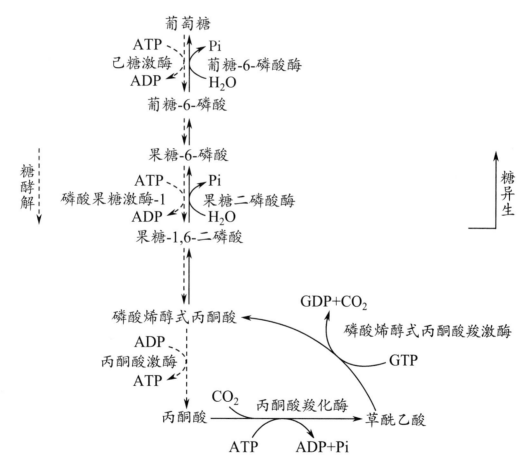

图 6-7　糖异生与糖酵解的关系简图

二、糖异生作用的生理意义

1. 维持血糖浓度恒定　糖异生最重要的生理意义是在空腹或饥饿状态下维持血糖

浓度的相对恒定。因体内储存的肝糖原数量有限,在禁食时,如仅靠肝糖原分解维持血糖浓度,一般不到12h即被全部耗尽,此后机体主要就是依靠糖异生作用来维持血糖浓度,以保证脑组织等重要器官的能量供应。

2. 有利于乳酸的利用 机体剧烈运动时,肌细胞糖酵解作用增强,生成大量乳酸,经血液循环运至肝内,通过糖异生转变成糖原或葡萄糖,葡萄糖释放入血后又可被肌肉摄取利用,此过程称为乳酸循环(图6-8)。该循环有利于乳酸的再利用,并可防止因乳酸堆积而导致酸中毒。

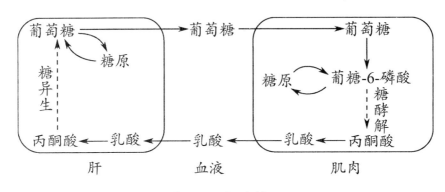

图6-8 乳酸循环

3. 调节酸碱平衡 长期饥饿时,肾的糖异生作用加强,使得肾中 α- 酮戊二酸因异生成糖而减少,从而促进谷氨酰胺和谷氨酸的脱氨基作用,脱下的 NH_3 由肾小管细胞分泌入管腔中,与原尿中 H^+ 结合生成 NH_4^+,从而降低原尿中 H^+ 的浓度,这有利于肾小管排氢保钠,对防止酸中毒有重要意义。

第五节　血糖及其调节

 导入案例

消渴症是中国传统医学的病名,是指以多饮、多尿、多食及消瘦、疲乏、尿甜为主要特征的综合症状。成书于两千多年前的中医经典文献《黄帝内经》"奇病论"中即从行为方式上对消渴症进行了阐述:"此肥美之所发也,此人必数食甘美而多肥也。肥者,令人内热,甘者令人中满,故其气上溢,转为消渴。"

请思考:1.消渴症的临床表现是什么? 与现代医学的何种疾病基本一致?
　　　　2.该疾病的病因是什么? 应如何进行科学预防?

血液中的葡萄糖称为血糖。正常人体空腹血糖浓度相对恒定,一般为3.9~6.1mmol/L,这是机体血糖来源和去路保持动态平衡的结果。

一、血糖的来源和去路

1. 血糖的来源　①食物中淀粉等糖类物质消化后吸收入血的葡萄糖；②肝糖原分解后释放入血的葡萄糖；③糖异生作用生成并释放入血的葡萄糖。上述三条血糖来源中，前者为一般情况下血糖的主要来源，后两者为空腹时血糖的主要来源。

2. 血糖的去路　①氧化分解供应能量，这是血糖的主要去路；②在组织中合成糖原进行储存；③转化为脂肪、氨基酸等其他非糖物质。以上为血糖的三条正常去路。当血糖浓度超过肾糖阈（8.9mmol/L）时，葡萄糖可随尿排出，这是血糖的非正常去路。血糖的来源和去路见图6-9。

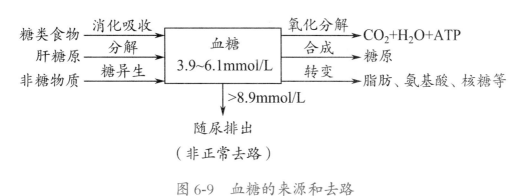

图 6-9　血糖的来源和去路

二、血糖浓度的调节

血糖的来源与去路能够保持动态平衡，是机体神经系统、激素及器官共同调节的结果。

（一）器官调节

体内有多个器官可以调节血糖浓度，其中以肝脏最为重要。肝脏主要是通过糖异生作用、肝糖原的合成与分解来调节血糖，维持血糖浓度的相对恒定。

（二）激素调节

根据激素对血糖浓度的作用效果，可将调节血糖浓度的激素分为两大类（表6-2）。其中降低血糖的激素为胰岛素，升高血糖的激素主要包括胰高血糖素、肾上腺素、糖皮质激素和生长激素等。这两类激素相互对立、互相制约，共同维持血糖浓度的恒定。

表 6-2　激素对血糖浓度的调节

降低血糖的激素		升高血糖的激素	
胰岛素	1. 促进肌肉、脂肪等组织摄取葡萄糖 2. 促进糖的有氧氧化	胰高血糖素	1. 促进肝糖原分解、抑制肝糖原合成 2. 促进糖异生作用、抑制糖酵解 3. 促进脂肪的动员

降低血糖的激素		升高血糖的激素
3. 促进糖原合成、抑制肝糖原分解 4. 抑制糖异生作用 5. 促进糖转变为脂肪、抑制脂肪的分解	肾上腺素	1. 促进糖原分解 2. 促进糖异生作用、抑制糖酵解
	糖皮质激素	1. 促进蛋白质分解,加速糖异生 2. 抑制肝外组织摄取利用葡萄糖
	生长激素	1. 促进糖异生和脂肪分解 2. 抑制肝外组织摄取利用葡萄糖

（三）神经调节

神经系统主要通过下丘脑和自主神经系统控制激素的分泌,影响糖代谢途径中各种关键酶的活性而发挥其对血糖浓度的调节作用。

三、高血糖和低血糖

神经系统功能紊乱、内分泌失调、肝肾功能障碍以及先天性的某些酶缺陷,均可引起糖代谢紊乱,导致血糖浓度异常,出现高血糖或低血糖。

（一）高血糖与糖尿

空腹血糖浓度高于 7.0mmol/L 时称为高血糖。当血糖浓度高于 8.9mmol/L,超过肾小管对葡萄糖的重吸收能力(即肾糖阈)时,则有一部分葡萄糖随尿排出,出现糖尿。

高血糖和糖尿有生理性和病理性之分。生理性高血糖和糖尿可见于进食大量糖类食物而引起的饮食性糖尿;因情绪激动导致体内肾上腺素分泌增加,肝糖原分解加快引起情感性糖尿。其特点是高血糖和糖尿都是暂时性的。病理性高血糖和糖尿多见于糖尿病,是由于胰岛素分泌不足或胰岛素作用低下引起的代谢紊乱综合征,临床表现为持续性高血糖和糖尿,其典型病例可出现"三多一少"(多饮、多食、多尿和消瘦)。某些慢性肾炎、肾病综合征等引起肾小管对糖的重吸收功能障碍时也可出现糖尿,但此类患者的空腹血糖一般都正常。

（二）低血糖

空腹血糖浓度低于 3.33mmol/L 时称为低血糖。因葡萄糖为大脑的主要能源物质,故低血糖时脑组织首先出现反应,表现为头晕、心悸、全身乏力、出冷汗等临床症状。当血糖浓度低于 2.5mmol/L 时可发生低血糖昏迷,如及时给患者静脉注入葡萄糖溶液则可有效缓解症状。

低血糖可由长期饥饿、持续剧烈运动、胰岛素使用过量等因素引起;也可由胰岛 β 细胞器质性病变、腺垂体或肾上腺皮质功能减退、严重肝病等疾病引起。

糖代谢主要指葡萄糖的代谢,包括糖酵解、有氧氧化和磷酸戊糖途径等分解途径,以及糖原的合成与分解、糖异生等。

糖酵解是糖在无氧情况下不完全氧化生成乳酸的过程,可为机体迅速获得能量。有氧氧化是糖在有氧情况下彻底氧化成 CO_2 和 H_2O 的过程,这是机体供能的主要途径,其三羧酸循环阶段是糖、脂肪和蛋白质彻底氧化的共同通路,也是它们相互转化的枢纽。磷酸戊糖途径的生理意义是生成核糖 -5- 磷酸和 NADPH。糖原的合成与分解、糖异生对维持血糖浓度恒定具有重要作用。

血糖指血液中的葡萄糖,正常成人血糖浓度为 3.9~6.1mmol/L。其来源与去路受到器官、激素和神经系统的调控。降低血糖的激素为胰岛素,升高血糖的激素主要包括胰高血糖素、肾上腺素、糖皮质激素和生长激素等。糖代谢障碍可引起血糖浓度异常,出现高血糖或低血糖。

（方国强）

思考与练习

一、名词解释

1. 糖酵解　　2. 糖有氧氧化　　3. 糖原　　4. 糖异生作用　　5. 乳酸循环　　6. 血糖

二、填空题

1. 糖的生理功能包括 _____、_____、_____。

2. 人体全身各组织细胞均可进行糖酵解,尤以 _____、_____、_____ 代谢最为旺盛。

3. 1 分子葡萄糖经糖酵解生成乳酸可净得 _____ 分子 ATP,经有氧氧化彻底氧化成 CO_2 和 H_2O,可净得 _____ 分子 ATP。

4. 糖原合成中葡萄糖基的直接供体是 _____。

5. 在糖异生中,丙酮酸生成磷酸烯醇式丙酮酸必须经由 _____ 和 _____ 的催化。

6. 空腹血糖浓度高于 _____ 时称为高血糖。当血糖浓度高于 _____ 时,会出现糖尿。

三、简答题

1. 简述糖酵解生理意义及关键酶。

2. 简述糖有氧氧化的主要过程。

3. 简述三羧酸循环的生理意义及关键酶。

4. 简述磷酸戊糖途径的生理意义。

5. 简述糖异生的生理意义。

6. 请说出正常情况下机体血糖的来源和去路。

第七章　｜　脂类代谢

07章
07章　数字内容

第一节　概　　述

一、脂类的分布与含量

脂类是脂肪和类脂的总称,是一类不溶于水易溶于非极性有机溶剂的有机化合物。脂肪是甘油的三个羟基被脂肪酸酯化形成的酯,即甘油三酯,也称三酰甘油。类脂包括磷脂、糖脂、胆固醇及其酯等。

脂肪在体内的含量受营养状况和机体活动量的影响,变动较大,所以又称为可变脂。成年男性脂肪含量占体重的 $10\%\sim20\%$,而女性稍高。体内脂肪主要贮存于皮下组织、肾周围、大网膜和肠系膜等处,这些组织统称为脂库。脂肪是人体内含量最多的脂类,亦是机体储能的主要形式。

类脂是构成生物膜的基本成分,分布于全身各种组织中,尤以神经组织含量最高。体内类脂含量比较恒定,约占体重的 5% ,机体活动强度及营养状况对其影响不大,所以类脂又被称为固定脂或基本脂。

二、脂类的生理功能

（一）脂肪的生理功能

1. 储能和供能 脂肪在体内主要用于储能和氧化供能。1g 脂肪在体内彻底氧化可产生 38.94kJ（9.3kcal）的能量，比等量的糖或蛋白质高一倍多。另外，脂肪为疏水性物质，其体积只是同重量糖原体积的 1/4，因而在单位体积内可储存更多的能量，是机体主要的储能物质。正常情况下，脂肪供能约占人体所需能量的 25% 左右；空腹时，体内所需能量的 50% 以上来自脂肪的氧化分解；禁食 1~3d，约 85% 的能量都来自脂肪的分解。

2. 协助脂溶性维生素的吸收 在小肠内，脂溶性维生素可溶于食物脂肪中，随着脂肪的消化产物一起被肠黏膜吸收。

3. 保持体温 脂肪不易导热，皮下脂肪可防止体内的热量散失，以维持体温的恒定。

4. 保护内脏 分布在脏器周围的脂肪可缓冲外界的机械性撞击，并能减少脏器间的摩擦而保护内脏免受损伤。

5. 供给必需脂肪酸 亚油酸、α- 亚麻酸、花生四烯酸等多种不饱和脂肪酸在体内不能合成，必须从食物中的脂类摄取，是人体不可缺少的营养素，被称为必需脂肪酸。它们既是磷脂的重要组成部分，又是合成前列腺素（PG）、血栓素（TXA）及白三烯（LT）等类二十烷酸的前体物质，还与胆固醇的代谢有关，参与动物精子的形成，维持正常视觉功能，可以保护皮肤免受射线损伤。

（二）类脂的生理功能

1. 参与生物膜的构成 磷脂和胆固醇是细胞膜、核膜、线粒体膜等生物膜的主要组成成分，其中磷脂占生物膜脂质总量的 70% 以上，胆固醇约占 20%。它们以脂质双分子层的形式构成生物膜的基本结构，在维持细胞及细胞器的结构、形态和功能上起着重要作用。

2. 参与神经髓鞘的构成 神经髓鞘中含有大量的胆固醇和磷脂，它们构成了神经纤维间的绝缘体，以维持神经冲动的正常传导。

3. 转变成其他物质 胆固醇在体内可转变成胆汁酸、类固醇激素和维生素 D_3 等多种重要的生物活性物质。

三、脂类的消化吸收

小肠上段是脂类消化的主要场所，肝脏分泌的胆汁和胰腺分泌的胰液都通过导管进入十二指肠，它们在脂类的消化过程中均发挥重要作用。食物中的脂类不溶于水，不能与消化酶充分接触。胆汁中的胆汁酸盐有较强的乳化作用，能将脂类乳化成细小微团，极大增加了消化酶与脂类的接触面积，从而促进脂类的消化吸收。胰液中含有各种脂类消化酶，可催化食物中的脂类水解生成甘油一酯、脂肪酸、胆固醇和溶血磷脂等产物。这些产物主要在十二指肠下段和空肠上段被吸收。

第二节　甘油三酯的中间代谢

一、甘油三酯的分解代谢

（一）脂肪的动员

储存在脂肪组织中的脂肪在脂肪酶的催化下，逐步水解为游离脂肪酸和甘油，并释放入血以供其他组织氧化利用，此过程称为脂肪动员。

甘油三酯 $\xrightarrow[\substack{H_2O \\ }]{\substack{甘油三酯 \\ 脂肪酶}}$ 甘油二酯 $\xrightarrow[\substack{H_2O \\ }]{\substack{甘油二酯 \\ 脂肪酶}}$ 甘油一酯 $\xrightarrow[\substack{H_2O \\ }]{\substack{甘油一酯 \\ 脂肪酶}}$ 甘油
（脂肪酸）（脂肪酸）（脂肪酸）

脂肪先后在甘油三酯脂肪酶、甘油二酯脂肪酶、甘油一酯脂肪酶的催化下逐步水解。其中甘油三酯脂肪酶是脂肪动员的限速酶，其活性易受多种激素的调节，又称为激素敏感性甘油三酯脂肪酶，简称激素敏感性脂肪酶。胰高血糖素、肾上腺素、去甲肾上腺素等能使该酶活性增强而促进脂肪动员，故这些激素称为脂解激素；胰岛素、前列腺素 E_2 等能使该酶活性降低，抑制脂肪动员，则称为抗脂解激素。

（二）甘油的代谢

脂肪动员产生的甘油可直接经血液循环被运输至肝、肾、肠等组织利用。在甘油激酶的作用下，甘油磷酸化生成 α-磷酸甘油，再脱氢生成磷酸二羟丙酮，后者循糖分解途径代谢，也可循糖异生途径转变为葡萄糖。肝中甘油激酶活性最高，而脂肪及骨骼肌中甘油激酶活性很低，因此脂肪动员产生的甘油主要被肝摄取利用，脂肪和骨骼肌对甘油的摄取利用很少。

甘油 $\xrightarrow[\substack{ATP \quad ADP}]{甘油激酶}$ α-磷酸甘油 $\xrightarrow[\substack{NAD^+ \quad NADH+H^+}]{α-磷酸甘油脱氢酶}$ 磷酸二羟丙酮 $\xrightarrow[\substack{氧化分解}]{糖异生}$ 葡萄糖、糖原 / CO_2+H_2O+能量

脂肪酸 β-氧化机制的发现

1904 年，努珀（F.Knoop）采用不能被机体分解的苯基标记脂肪酸 ω- 甲基饲养动物，检测被喂养的犬尿液中的代谢产物，发现无论碳链长短，如果标记的脂肪酸碳原子是偶数，尿中排出的是苯乙酸；如果标记的脂肪酸碳原子是奇数，则尿中排出的是苯甲酸。努珀在上述实验的基础上提出了"β- 氧化学说"，即脂肪酸在体内氧化分解从羧基端 β- 碳原子开始，每次断裂 2 个碳原子。脂肪酸代谢有关酶的分离纯化、辅因子的分析以及核素的应用进一步阐明了脂肪酸 β- 氧化机制。

（三）脂肪酸的氧化

脂肪供能部分主要是脂肪酸，脂肪酸在体内彻底氧化可释放较多的能量。机体除成熟红细胞和脑组织外，大多数组织都能经脂肪酸氧化获能，以肝、心肌、骨骼肌能力最强。线粒体是脂肪酸氧化的主要场所。

脂肪酸氧化的过程可分为四个阶段：在氧供应充足的情况下，脂肪酸活化生成脂酰 CoA，然后转移至线粒体，经 β- 氧化作用生成乙酰 CoA，最后乙酰 CoA 进入三羧酸循环彻底氧化生成 CO_2 和 H_2O，并释放出能量。

1. 脂肪酸活化为脂酰 CoA　在细胞质中，脂肪酸由内质网、线粒体外膜上的脂酰 CoA 合成酶催化生成脂酰 CoA，反应需要 ATP、HSCoA 及 Mg^{2+} 参与。

$$\underset{\text{脂肪酸}}{RCOOH} + \underset{\text{辅酶A}}{HSCoA} + ATP \xrightarrow[\mathrm{Mg^{2+}}]{\text{脂酰CoA合成酶}} \underset{\text{脂酰CoA}}{RCO{\sim}SCoA} + AMP + PPi$$

活化生成的脂酰 CoA 含高能硫酯键，为高能化合物，且水溶性强，从而提高了代谢活性。反应中生成的焦磷酸（PPi）很快被细胞内的焦磷酸酶水解，以阻止逆向反应的进行。故活化 1 分子脂肪酸消耗了 2 个高能磷酸键，相当于 2 分子 ATP。

2. 脂酰 CoA 进入线粒体　催化脂肪酸氧化的酶系存在于线粒体基质内，因此，在细胞质中活化生成的脂酰 CoA 必须进入线粒体才能被氧化。但脂酰 CoA 不能直接通过线粒体内膜进入线粒体，需要肉碱载体协助转运。在线粒体内膜外侧的肉碱脂酰转移酶 Ⅰ 可催化脂酰 CoA 与肉碱结合生成脂酰肉碱，后者通过线粒体内膜进入线粒体基质内，在位于线粒体内膜内侧的肉碱脂酰转移酶 Ⅱ 催化，把脂酰基转运至线粒体内，再与线粒体基质内的 HSCoA 结合重新生成脂酰 CoA 并释放出肉碱（图 7-1）。

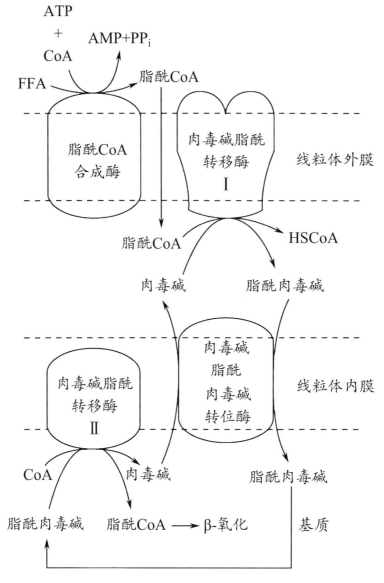

图 7-1　脂酰 CoA 通过线粒体内膜示意图

3. 脂酰 CoA 的 β- 氧化　脂酰 CoA 进入线粒体后, 在一系列酶的催化下被氧化, 由于氧化是在脂酰基的 β- 碳原子上进行的, 故又称为 β- 氧化。β- 氧化过程经历脱氢、加水、再脱氢、硫解 4 步连续的酶促反应。

（1）脱氢: 脂酰 CoA 在脂酰 CoA 脱氢酶的催化下, α 和 β 碳原子上分别脱去一个氢原子, 生成 α, β- 烯脂酰 CoA, 脱下的 2H 由该酶的辅基 FAD 接受生成 $FADH_2$。

（2）加水: α, β- 烯脂酰 CoA 在 α, β- 烯脂酰 CoA 水化酶的催化下, 加上 1 分子 H_2O 生成 β- 羟脂酰 CoA。

（3）再脱氢: β- 羟脂酰 CoA 在 β- 羟脂酰 CoA 脱氢酶的催化下, β 碳原子上脱去 2 个氢原子, 生成 β- 酮脂酰 CoA, 脱下的 2H 由该酶的辅酶 NAD^+ 接受生成 $NADH+H^+$。

（4）硫解: β- 酮脂酰 CoA 在 β- 酮脂酰 CoA 硫解酶的催化下, 加上 1 分子 HSCoA 使碳链在 α、β 碳原子之间断裂, 生成 1 分子乙酰 CoA 和比原来少 2 个碳原子的脂酰 CoA。

经过上述四步反应,脂酰 CoA 的碳链缩短了 2 个碳原子。新生成的脂酰 CoA 又可经脱氢、加水、再脱氢、硫解四步连续反应进行下一轮的 β- 氧化。每经过一次 β- 氧化,即从脂酰 CoA 裂解出一个 2 碳的乙酰 CoA,并生成少了 2 个碳原子的脂酰 CoA,如此重复进行,直到脂酰 CoA 全部裂解成乙酰 CoA。

脂肪酸 β- 氧化的过程见图 7-2。

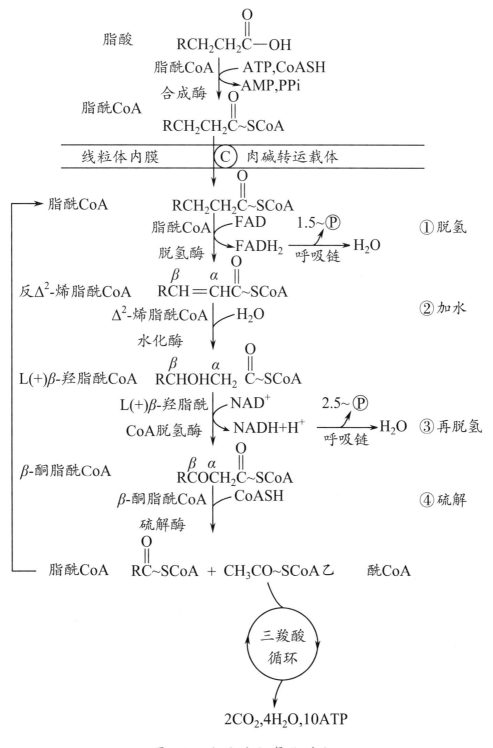

图 7-2　脂肪酸 β- 氧化过程

4. 乙酰 CoA 彻底氧化　β- 氧化生成的乙酰 CoA 进入三羧酸循环, 彻底氧化生成 CO_2 和 H_2O, 并释放能量。

脂肪酸在体内氧化是机体产能的重要途径, 氧化过程中可释放大量的能量, 其中一部分以热能的形式散发, 另一部分以化学能的形式贮存在 ATP 分子中。现以 1 分子软脂酸为例, 计算其彻底氧化产生的 ATP 数: 软脂酸为 16 碳的饱和脂肪酸, 经 7 次 β- 氧化, 可产生 7 分子 $FADH_2$、7 分子 $NADH+H^+$ 和 8 分子乙酰 CoA, 共生成 $1.5 \times 7 + 2.5 \times 7 + 10 \times 8 = 108$ 分子 ATP。由于脂肪酸活化时消耗了 2 个高能磷酸键, 相当于消耗了 2 分子 ATP, 故 1 分子软脂酸彻底氧化净生成 106 分子 ATP。

（四）酮体的生成和利用

酮体是脂肪酸在肝中分解氧化时所产生的正常中间产物, 包括乙酰乙酸、β- 羟丁酸和丙酮。其中 β- 羟丁酸含量最多, 约占酮体总量的 70%, 乙酰乙酸约占总量的 30%, 丙酮的含量极微。

1. 酮体的生成　酮体合成的原料是脂肪酸 β- 氧化生成的乙酰 CoA, 合成的部位主要在肝脏线粒体, 肝线粒体内含有各种酮体合成酶类, 酮体生成的关键酶是 HMG-CoA 合酶。合成过程如下:

（1）2 分子乙酰 CoA 在乙酰乙酰 CoA 硫解酶的作用下缩合成乙酰乙酰 CoA, 并释放 1 分子 HSCoA。

（2）乙酰乙酰 CoA 与 1 分子乙酰 CoA 由 β- 羟基 -β- 甲基戊二酸单酰 CoA 合酶（HMG-CoA 合酶）催化生成 β- 羟基 -β- 甲基戊二酸单酰 CoA（HMG-CoA）, 并释放 1 分子 HSCoA。

（3）HMG-CoA 由 HMG-CoA 裂解酶催化, 裂解成乙酰乙酸和乙酰 CoA。

（4）乙酰乙酸在 β- 羟丁酸脱氢酶的催化下加氢还原成 β- 羟丁酸, 少量乙酰乙酸也可自动脱羧生成丙酮（图 7-3）。

2. 酮体的利用　肝内缺乏氧化利用酮体的酶, 而肝外许多组织如心、肾、脑、骨骼肌等具有活性很强的酮体利用酶, 因此, 肝内生成的酮体需通过血液循环运到肝外组织氧化利用。利用过程如下:

（1）乙酰乙酸在琥珀酰 CoA 转硫酶或乙酰乙酸硫激酶的作用下活化生成乙酰乙酰 CoA。

（2）在乙酰乙酰 CoA 硫解酶的催化下, 乙酰乙酰 CoA 硫解生成 2 分子乙酰 CoA, 后者进入三羧酸循环彻底氧化生成 CO_2 和 H_2O, 并生成 ATP。

酮体中的 β- 羟丁酸可在 β- 羟丁酸脱氢酶的催化下, 先脱氢氧化生成乙酰乙酸, 再沿上述途径代谢。丙酮在酮体中含量甚微, 主要随尿或通过呼吸道排出体外。也可经一系列酶作用转变为丙酮酸或乳酸, 进而氧化分解或异生为糖, 这是脂肪酸的碳原子转变为糖的一个途径。

酮体的生成及利用过程见图 7-4。

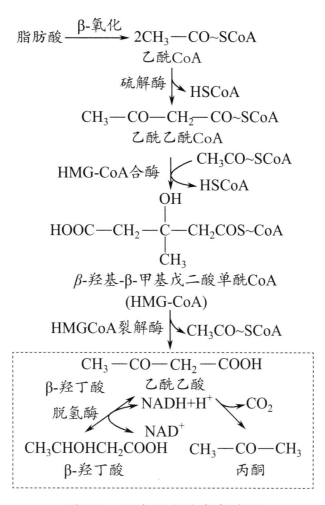

图 7-3　肝内酮体的生成过程

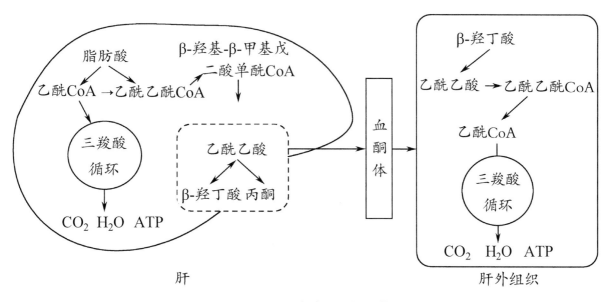

图 7-4　酮体生成及利用过程

3. 酮体生成的生理意义

（1）酮体是肝输出脂肪酸类能源物质的一种特殊形式，可以作为大脑及肌肉组织的重要能源。酮体分子小，易溶于水，易运输，能进入脑和肌肉组织氧化供能。尤其是饥饿时，更显现出酮体对脑的重要性。长期饥饿或糖供给不足时，机体脂肪动员增强，体内大多数组织可氧化脂肪酸获得能量；脑组织虽然不能利用脂肪酸，却能利用由脂肪酸转变而来的酮体，获得其所需的能量。

（2）酮体过多时可导致代谢性酸中毒。正常情况下，血中酮体的正常值为 0.03~0.50mmol/L。而在饥饿及严重糖尿病时，脂肪动员增强，脂肪酸的氧化分解加速，肝内酮体增多并超过肝外组织的利用能力，导致血中酮体升高，称为酮血症。此时，酮体可随尿排出，称酮尿症。丙酮可从呼吸道挥发呼出，患者呼出的气体具有烂苹果气味。酮体中的乙酰乙酸和 β- 羟丁酸都是酸性物质，血中酮体升高可引起代谢性酸中毒，又称酮症酸中毒。

二、甘油三酯的合成代谢

肝、脂肪组织和小肠是体内合成脂肪的主要部位。体内合成脂肪的原料是甘油和脂肪酸的活化形式，即 α- 磷酸甘油和脂酰 CoA。

（一）α- 磷酸甘油的来源

α- 磷酸甘油主要来自糖，糖代谢的中间产物磷酸二羟丙酮在 α- 磷酸甘油脱氢酶的催化下，以 NADH+H$^+$ 作为供氢体，还原生成 α- 磷酸甘油。此外，甘油在甘油激酶的催化下，也可以磷酸化生成 α- 磷酸甘油。

$$
\begin{array}{ccc}
\text{CH}_2\text{OH} & & \text{CH}_2\text{OH} \\
| & \xrightarrow{\text{α-磷酸甘油脱氢酶}} & | \\
\text{C}=\text{O} \quad + \text{ NADH } + \text{ H}^+ & \rightleftharpoons & \text{CHOH} \quad + \text{ NAD}^+ \\
| & & | \\
\text{CH}_2\text{O}\textcircled{P} & & \text{CH}_2\text{O}\textcircled{P} \\
\text{磷酸二羟丙酮} & & \text{α-磷酸甘油}
\end{array}
$$

$$
\begin{array}{ccc}
\text{CH}_2\text{OH} & & \text{CH}_2\text{OH} \\
| & \xrightarrow[\text{ATP}\quad\text{ADP}]{\text{甘油激酶}} & | \\
\text{CHOH} & & \text{CHOH} \\
| & & | \\
\text{CH}_2\text{OH} & & \text{CH}_2\text{O}\textcircled{P} \\
\text{甘油} & & \text{α-磷酸甘油}
\end{array}
$$

（二）脂酰 CoA 的来源

脂酰 CoA 由脂肪酸活化生成。脂肪酸可由食物提供，也可以在体内合成。体内合成脂肪酸的主要原料是乙酰 CoA，乙酰 CoA 主要来自糖代谢。由此可见，糖在体内很容易转变为脂肪，当从食物中摄入糖类物质过多时，它们便以脂肪的形式来储存。

细胞质是脂肪酸合成的场所，而乙酰 CoA 全部在线粒体内生成。因此，线粒体内的乙酰 CoA 必须进入细胞质才能作为脂肪酸的合成原料。

脂肪酸的合成过程如下：

首先，在乙酰 CoA 羧化酶的催化下，乙酰 CoA 羧化生成丙二酸单酰 CoA；然后再由脂肪酸合成酶系催化，7 分子丙二酸单酰 CoA 与 1 分子乙酰 CoA 缩合成软脂酸，反应中由 $NADPH+H^+$ 提供氢。人体内合成的脂肪酸主要是软脂酸，对其进行加工，可得到机体所需的碳链长短不同及饱和程度不同的各种非必需脂肪酸。

$$\underset{\text{乙酰CoA}}{CH_3CO\sim SCoA} + HCO_3^- + ATP \xrightarrow[\text{生物素}Mn^{2+}]{\text{乙酰CoA羧化酶}} \underset{\text{丙二酸单酰CoA}}{\begin{array}{l} CH_2CO\sim SCoA \\ | \\ COOH \end{array}} + ADP + Pi$$

$$\underset{\text{乙酰CoA}}{CH_3CO\sim SCoA} + \underset{\text{丙二酸单酰CoA}}{7HOOCCH_2CO\sim SCoA} + 14NADPH + 14H^+ \xrightarrow{\text{脂肪酸合成酶系}}$$

$$\underset{\text{软脂酸}}{CH_3(CH_2)_{14}COOH} + 14NADP^+ + 7CO_2 + 8HSCoA + 6H_2O$$

（三）甘油三酯的合成

以 α- 磷酸甘油为原料，在细胞内质网中的脂酰转移酶的催化下，加上 2 分子脂酰 CoA 先合成磷脂酸，后者在磷脂酸磷酸酶的催化下，去磷酸化生成甘油二酯，再与 1 分子脂酰 CoA 在脂酰转移酶的催化下生成甘油三酯。

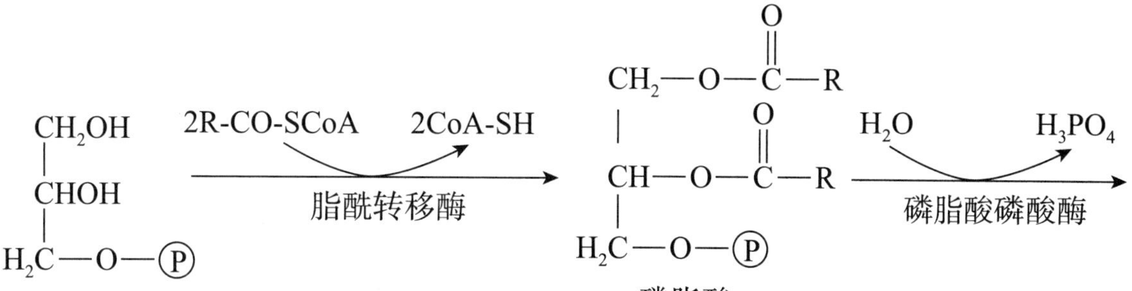

磷脂酸

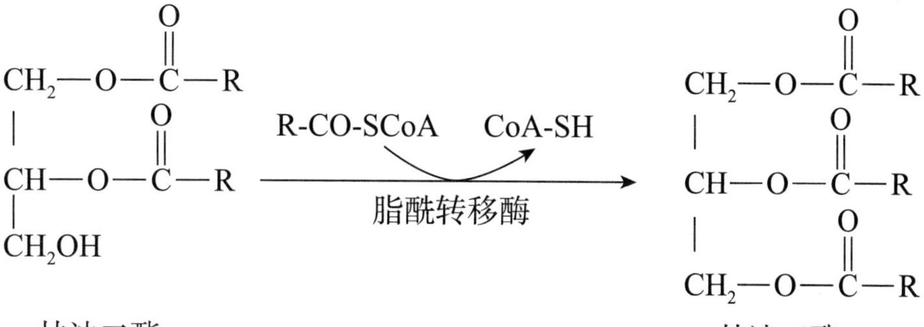

甘油二酯　　　　甘油三酯

第三节　类脂的代谢

导入案例

　　患者,男性,47 岁,身高 1.73m,体重 85kg,在一家广告公司做文案。每日坐立(开会、计算机和电视前、开车)长达 10~12h,基本不运动,长期饮酒,也不控制膳食。因腹胀、乏力、食欲缺乏、恶心呕吐而入院,超声检查发现,患者肝区回声近场弥散性点状高回声,肝内管道结构显示不清,肝轻度增大,前缘变钝,被诊断为脂肪肝。

　　请思考:1.脂肪肝产生的原因有哪些? 有哪些危害? 如何预防?

　　　　　　2.该患者应如何执行健康促进计划?

　　类脂包括磷脂、糖脂、胆固醇及胆固醇酯,本节主要介绍磷脂和胆固醇的代谢。

一、磷脂的代谢

　　含有磷酸的脂类称为磷脂,根据化学结构的特征可将其分为两大类:一类是以甘油为基本骨架的甘油磷脂,另一类是以鞘氨醇为基本骨架的鞘磷脂。

　　甘油磷脂是体内含量最多、分布最广的磷脂,常见的有磷脂酰胆碱(卵磷脂)、磷脂酰乙醇胺(脑磷脂)、磷脂酰丝氨酸、二磷脂酰甘油(心磷脂)和磷脂酰肌醇等。其由甘油、脂肪酸、磷酸及取代基(X)等组成,结构通式如下:

$$
\begin{array}{c}
\\
R_2-C-O-CH \quad CH_2O-C-R_1 \\
CH_2O-P-X \\
OH
\end{array}
$$

磷脂酰胆碱(卵磷脂)　　　　　X=OCH_2CH_2N^+(CH_3)_3
磷脂酰乙醇胺(脑磷脂)　　　　X=OCH_2CH_2NH_2

　　取代基(X)一般为含氮化合物,不同的甘油磷脂具有不同的取代基(X),如磷脂酰胆碱中 X 为胆碱;磷脂酰乙醇胺中 X 为乙醇胺。

(一)甘油磷脂的合成

　　体内的磷脂可来自食物,食物中磷脂消化吸收后在肠黏膜细胞内重新合成磷脂供机体利用。体内各组织细胞也能合成磷脂,其中以肝、肾及小肠等组织最为活跃。

磷脂酰胆碱和磷脂酰乙醇胺的合成原料是甘油二酯、胆碱、乙醇胺，合成过程中有 ATP 和 CTP 参加。其中甘油二酯第 2 位脂肪酸为不饱和脂肪酸，大多为人体内不能合成的必需脂肪酸。CTP 在磷脂合成中占重要地位，它既可以使胆碱和乙醇胺活化，又可以为合成反应提供能量。磷脂酰胆碱与磷脂酰乙醇胺的合成步骤相似。胆碱和乙醇胺可来自食物，也可在体内由丝氨酸转变而来。首先，丝氨酸脱羧生成乙醇胺，胆碱可由乙醇胺接受 S- 腺苷甲硫氨酸提供的三个甲基转变而成。然后胆碱和乙醇胺分别与 ATP 作用生成磷酸胆碱和磷酸乙醇胺，再与 CTP 作用生成活化的二磷酸胞苷胆碱（CDP- 胆碱）和二磷酸胞苷乙醇胺（CDP- 乙醇胺），最后两者再分别与甘油二酯反应，生成磷脂酰胆碱（卵磷脂）和磷脂酰乙醇胺（脑磷脂）。此外，磷脂酰胆碱可直接由磷脂酰乙醇胺接受 S- 腺苷甲硫氨酸提供的三个甲基转变而成（图 7-5）。

（二）甘油磷脂的分解

甘油磷脂的分解可由体内多种磷脂酶催化完成。磷脂酶主要有磷脂酶 A_1、A_2、B_1、C、D 等，它们特异地作用于磷脂分子内部的各个酯键，生成不同的产物如脂肪酸、甘油、磷酸和含氮碱等，这些产物可被再利用或被氧化分解。

（三）磷脂代谢与脂肪肝

正常情况下肝的脂类含量为 4%~7%，其中半数为脂肪。如果肝的脂类含量超过10%，且以脂肪为主，可影响肝细胞功能，导致结缔组织增生，严重者可引起肝硬化。这种肝细胞中脂肪过量积存的现象称为脂肪肝。

当缺乏胆碱或缺乏为胆碱合成提供甲基的甲硫氨酸，以及缺乏必需脂肪酸时，磷脂生成减少。又因磷脂是肝合成 VLDL 不可缺少的原料，磷脂生成减少会导致 VLDL 的合成也减少。VLDL 的功能是转运内源性脂肪，VLDL 的减少使肝中的脂肪不能顺利运出而在肝内存积。另外，肝内磷脂合成与脂肪合成又密切相关，甘油二酯是磷脂合成及脂肪合成的中间产物，它既可转变成磷脂又可转变成脂肪。当合成磷脂的原料不足使磷脂合成减少时，甘油二酯则进入脂肪合成途径，使脂肪合成增多，进一步加重了肝内脂肪的堆积。胆碱、甲硫氨酸及参与甲基转移的维生素 B_{12} 和叶酸可促进肝中磷脂的合成，因而可作为抗脂肪肝的药物。

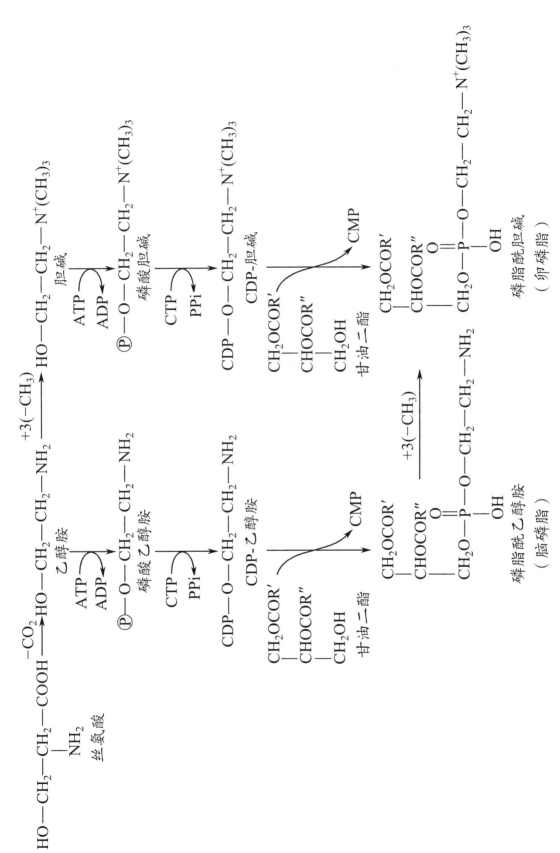

图 7-5　甘油磷脂的合成过程

磷 脂 酶 A₁

磷脂酶 A_1 在自然界分布广泛，主要存在于细胞的溶酶体内，蛇毒及某些微生物中也有，可催化甘油磷脂的第 1 位酯键断裂，产物为脂肪酸和溶血磷脂 Ⅱ，因此被毒蛇咬伤后会出现溶血症状。磷脂酶 A_2 普遍存在于动物各组织细胞膜及线粒体膜，能使甘油磷脂分子中第 2 位酯键水解，产物为溶血磷脂 Ⅰ 及其产生的脂肪酸和甘油磷酸胆碱或甘油磷酸乙醇胺等。溶血磷脂 Ⅰ 是一类具有较强表面活性的性质，能使红细胞及其他细胞膜破裂，引起溶血或细胞坏死。急性胰腺炎时，胰腺中大量磷脂酶 A_2 酶原被激活，可导致胰腺细胞膜受损坏死。当溶血磷脂 Ⅰ 经磷脂酶 B_1 作用脱去脂肪酸后，转变成甘油磷酸胆碱或甘油磷酸乙醇胺，即失去溶解细胞膜的作用。

二、胆固醇的代谢

胆固醇是含有环戊烷多氢菲基本结构的固醇类化合物，最早是从动物的胆石中分离出来的，故称为胆固醇。其第 3 位碳原子上有羟基，能与脂肪酸结合成为胆固醇酯。人体内的胆固醇主要以游离胆固醇和胆固醇酯的形式存在。

胆固醇　　　　　　　　　　　　　　　胆固醇酯

正常成人体内胆固醇总量约为 140g，其分布很不均匀，1/4 左右分布在脑及神经组织，约占脑组织的 2%；肾上腺、卵巢等合成胆固醇的内分泌腺，胆固醇含量达 1%~5%；肝、肾、肠等内脏及皮肤、脂肪组织也含有较高的胆固醇。

人体内胆固醇的来源有外源性和内源性之分，外源性胆固醇主要来自动物性食物，以蛋黄、脑及动物内脏中含量较高；内源性胆固醇是由体内各组织细胞合成的。

（一）胆固醇的合成代谢

成年人除成熟红细胞和脑组织外，其他组织都能合成胆固醇，每日可合成 1g 左右。其中以肝的合成能力最强,其合成量占全身合成总量的 70%~80%,其次是小肠,占合成总量的 10%。胆固醇合成酶系存在于细胞质和滑面内质网中。乙酰 CoA 是合成胆固醇的基本原料,可来自糖、脂肪、蛋白质的分解代谢。合成需由 ATP 提供能量,NADPH+H$^+$ 提供氢,其过程可概括为下列三个阶段:

1. 生成甲基二羟戊酸(MVA) 2 分子乙酰 CoA 先缩合成乙酰乙酰 CoA,再与 1 分子乙酰 CoA 缩合,生成 HMG-CoA,然后经 HMG-CoA 还原酶的作用生成 6 碳的 MVA。HMG-CoA 还原酶是胆固醇合成过程中的限速酶。

2. 生成鲨烯 MVA 经脱羧、磷酸化反应,成为活泼的 5 碳焦磷酸化合物,再相互缩合,增长碳链,生成 30 碳的多烯烃——鲨烯。

3. 生成胆固醇 鲨烯由载体蛋白携带从细胞质进入内质网,在一系列酶的催化下,先环化成羊毛脂固醇,最后转变成胆固醇(图 7-6)。

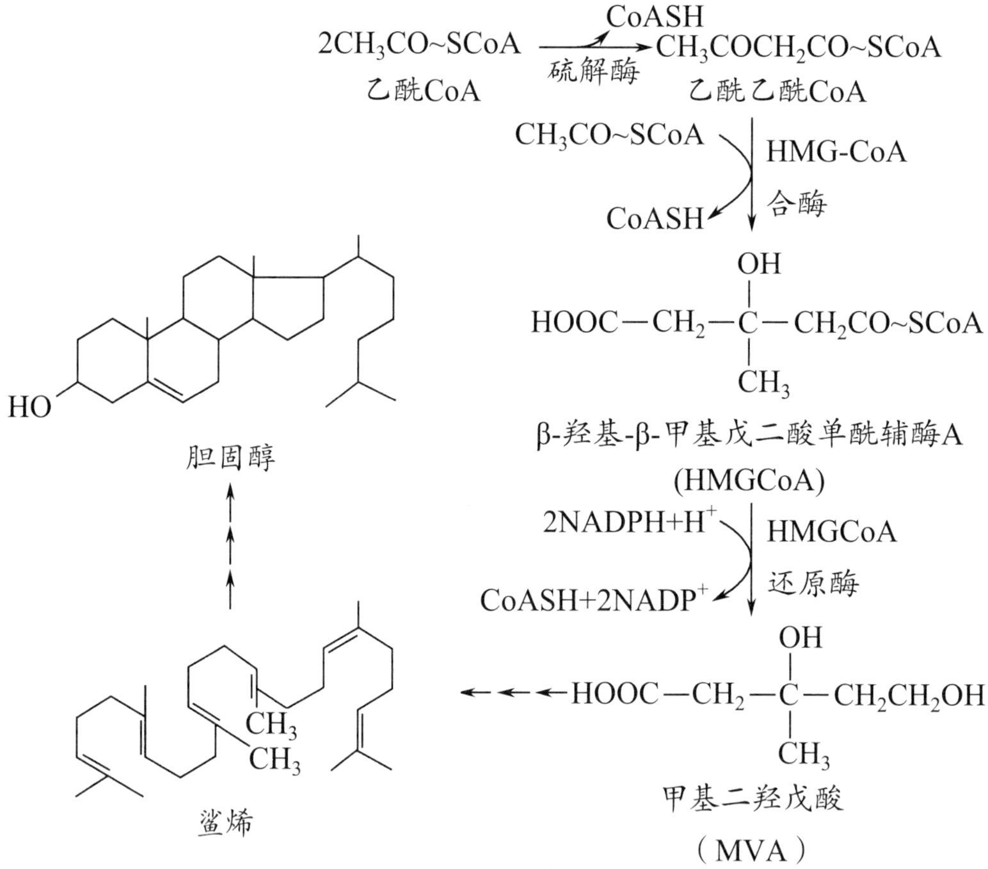

图 7-6 胆固醇的合成

HMG-CoA 还原酶是胆固醇合成的限速酶,各种因素可通过影响该酶的活性来调节胆固醇合成速度。其中,食物中胆固醇含量多、饥饿状态、胰高血糖素和皮质激素等可抑制胆固醇的合成。而高糖高脂膳食、胰岛素、甲状腺激素等能促进胆固醇的合成。因甲状腺激素还能促进胆固醇转化为胆汁酸,且转化作用大于合成作用,故甲状腺功能亢进症的患者,血清中胆固醇的含量反而降低。

（二）胆固醇的酯化

血浆和细胞内的胆固醇都可以被酯化成胆固醇酯,但不同部位催化胆固醇酯化的酶及反应过程不同。

1. 血浆中胆固醇的酯化　血浆中,在磷脂酰胆碱-胆固醇酯酰基转移酶(LCAT)的催化下,磷脂酰胆碱 C_2 位的脂酰基转移至胆固醇 C_3 的羟基上,生成胆固醇酯和溶血磷脂酰胆碱。LCAT 是由肝实质细胞合成,然后分泌入血,在血浆中发挥催化作用。肝实质细胞病变或受损时,LCAT 活性下降,可导致血浆胆固醇酯含量降低。

2. 细胞内胆固醇的酯化　在组织细胞内,游离胆固醇可在脂酰 CoA-胆固醇酯酰基转移酶(ACAT)的催化下,与脂酰 CoA 的脂酰基结合生成胆固醇酯。

（三）胆固醇的转变与排泄

胆固醇在体内不能彻底氧化分解为 CO_2 和 H_2O 并释放能量。它在体内除了参与生物膜的构成和参与血浆脂蛋白合成外,还可转变成其他活性物质或直接排泄。

1. 转变为胆汁酸　胆固醇在体内的主要代谢去路是在肝转变为胆汁酸,然后以胆汁酸盐的形式随胆汁排入肠道。胆汁酸的主要作用是促进脂类的乳化,有利于食物中脂类的消化吸收。

2. 转变为维生素 D_3　在肝、小肠黏膜和皮肤等处,胆固醇可被氧化成 7-脱氢胆固醇,后者由血液运至皮下,在皮肤经紫外线的照射可转变为维生素 D_3。

3. 转变为类固醇激素　在肾上腺皮质,胆固醇可转变为肾上腺皮质激素和少量性激素;在性腺,胆固醇可转变为性激素。

4. 胆固醇的排泄　胆固醇可随胆汁排入肠道,再与粪便一起排至体外。

胆固醇的来源与去路归纳为图 7-7。

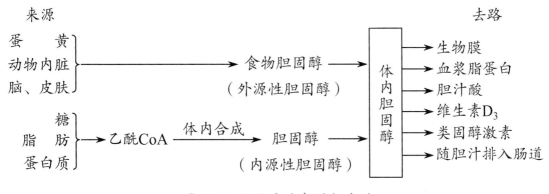

图 7-7　胆固醇的来源与去路

（四）胆固醇代谢与动脉粥样硬化

胆固醇在体内有着重要的生理功能。但是,如果血浆胆固醇浓度过高也将对机体造成不良影响。从流行病学观察结果分析,高胆固醇血症是导致冠心病的最危险因子之一。这是因为血浆胆固醇增高时，胆固醇易沉积于动脉管壁，引起动脉粥样硬化，使动脉管壁变厚、管腔狭小、弹性减弱，进而导致高血压和冠心病。因此，控制血浆胆固醇水平被列为预防冠心病的一种有效措施。

 知识拓展

如何降低高胆固醇血症患者的血浆胆固醇

1. 限制胆固醇的摄入　当摄入高胆固醇食物时，可使肝内胆固醇合成速度减慢，但肠黏膜细胞内胆固醇的合成可能不受此反馈调节。饮食中减少食物胆固醇的摄入量，可以适当地降低血浆胆固醇水平。

2. 多运动　多运动可使机体耗能增加，能促进大量乙酰 CoA 进入三羧酸循环氧化，乙酰 CoA 进入胆固醇合成途径便减少，使胆固醇合成量降低。

3. 多食高纤维素的食物　纤维素能促进肠蠕动，多食蔬菜、水果等含纤维素高的食物可使肠道中胆汁酸重吸收减少，减弱了对 7α- 羟化酶的反馈抑制，加速胆固醇转变为胆汁酸而降低胆固醇。

4. 服用降胆固醇的药物　某些药物如洛伐他汀和辛伐他汀，能竞争性地抑制 HMG-CoA 还原酶的活性，使体内的胆固醇的合成减少；还有些药物如阴离子交换树脂考来烯胺（又称消胆胺），能促进肠道中胆汁酸的排泄，通过干扰肠道胆汁酸盐重吸收，使体内更多的胆固醇转化为胆汁酸，降低血清胆固醇的浓度。

第四节　血脂及血浆脂蛋白

一、血脂的组成与含量

血浆中的脂类称为血脂，包括甘油三酯（TG）、磷脂（PL）、胆固醇（Ch）、胆固醇酯（CE）和游离脂肪酸（FFA）等。

正常成人血脂含量不如血糖稳定，波动范围较大，这主要是因为血脂含量易受膳食、年龄、性别及不同生理状况的影响，因此，临床上测定血脂时，应在餐后 12~14h 采血，以避免进食引起的血脂波动。

血脂有两个来源：①外源性来源：从食物中摄取的脂类经消化吸收进入血液。②内源性来源：由人体内肝、脂肪细胞以及其他组织合成和脂库动员释放入血。

正常成人空腹血脂含量见表 7-1。

表 7-1　正常成人空腹血脂含量

血脂种类	血浆含量	
	mmol/L	mg/dl
总脂		400~700（500）
甘油三酯	0.11~1.69（1.13）	10~150（100）
总磷脂	48.44~80.73（64.58）	150~250（200）
磷脂酰胆碱	16.1~64.6（32.3）	50~200（100）
脑磷脂	4.8~13.0（6.4）	15~35（20）
神经磷脂	16.1~42.0（22.6）	50~130（70）
总胆固醇	2.59~6.47（5.17）	100~250（200）
胆固醇	1.03~1.81（1.42）	40~70（55）
胆固醇酯	1.81~5.17（3.75）	70~200（145）
游离脂肪酸		5~20（15）

注：括号内为平均值。

二、血浆脂蛋白

脂类不易溶于水，它们在血浆中与载脂蛋白结合成溶于水的脂蛋白，以便于运输。血浆脂蛋白是脂类在血浆中的基本存在、运输和代谢形式。

（一）血浆脂蛋白的组成与结构

血浆脂蛋白由脂类和蛋白质两部分组成，脂类包括甘油三酯、磷脂、胆固醇及胆固醇酯，蛋白质部分称为载脂蛋白。血浆脂蛋白具有亲水性，一般呈球状颗粒，非极性的甘油三酯、胆固醇酯等位于颗粒的内核，载脂蛋白和磷脂、胆固醇等两性分子构成颗粒的外壳，其非极性疏水基团伸入颗粒内核中，而极性亲水基团分布在颗粒表面，从而构成可溶性的脂蛋白颗粒。游离脂肪酸不参与脂蛋白的组成，在血浆中与清蛋白结合而运输。

目前，已从人血浆中分离出的载脂蛋白（Apo）有 20 多种，分为 Apo A、Apo B、Apo C、Apo D 和 Apo E 五类，每一类又分成若干亚类。各种脂蛋白中所含的载脂蛋白是不相同的。载脂蛋白除了作为脂类运输的载体外，还参与脂蛋白代谢的调节。

（二）血浆脂蛋白的分类

用电泳法或超速离心法都可将血浆脂蛋白分成四类。

1. 电泳法　各种脂蛋白所含载脂蛋白的种类、数量不同，其表面所带电荷量就不同；另外，各种脂蛋白的颗粒大小也不同，因而具有不同的电泳迁移率。在醋酸纤维素薄膜电泳的图谱上可分成四条区带，参照血清蛋白质电泳的命名方法，按电泳速度的快慢依次将脂蛋白命名为：α-脂蛋白（α-LP）、前β-脂蛋白（preβ-LP），β-脂蛋白（β-LP）及停留在原点的乳糜微粒（CM），见图7-8。

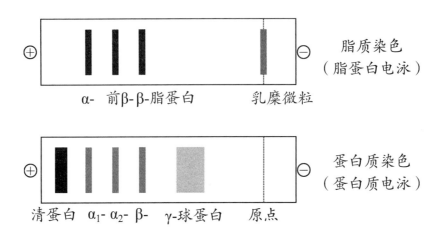

图7-8　血浆脂蛋白和血清蛋白质电泳图谱（醋酸纤维素薄膜电泳）

2. 超速离心法　由于各种脂蛋白中脂类及载脂蛋白所占比例不同，因而其密度也不同。含甘油三酯越多密度越低，含蛋白质越多则密度越高。在一定离心力作用下，因分子沉降速度或漂浮率不同，按密度从小到大可将脂蛋白分为四类：乳糜微粒（CM）、极低密度脂蛋白（VLDL）、低密度脂蛋白（LDL）及高密度脂蛋白（HDL）。分别相当于电泳分离中的乳糜微粒、前β-脂蛋白、β-脂蛋白和α-脂蛋白。

电泳法和超速离心法命名的各类脂蛋白之间的关系及化学组成、生理功能见表7-2。

表7-2　血浆脂蛋白的分类、化学组成和主要功能

分类		化学组成 /%				主要生理功能
电泳法	密度法	蛋白质含量	甘油三酯	胆固醇及酯	磷脂	
乳糜微粒	CM	0.5~2	80~95	4~5	5~7	转运外源性脂肪
前β-脂蛋白	VLDL	5~10	50~70	15~19	15	转运内源性脂肪
β-脂蛋白	LDL	20~25	10	48~50	20	转运内源性胆固醇
α-脂蛋白	HDL	50	5	20~22	25	逆向转运胆固醇

（三）血浆脂蛋白的代谢与功能

血浆脂蛋白的功能与其组成及代谢过程密切相关。

1. 乳糜微粒（CM）　CM是在小肠黏膜细胞中合成的，其功能是转运外源性脂肪（将

食物脂肪运到肝内）。食物中脂肪在肠道中的消化产物甘油一酯、脂肪酸等被吸收到小肠黏膜细胞中后，在细胞中重新合成脂肪。然后与合成及吸收的磷脂和胆固醇，连同载脂蛋白形成 CM，成为含脂肪最多的脂蛋白。CM 经淋巴管进入血液循环，受骨骼肌、心肌和脂肪等组织毛细血管内皮细胞表面的脂蛋白脂肪酶（LPL）作用，CM 中的甘油三酯和磷脂逐步水解成脂肪酸和甘油及溶血磷脂等，释放出来并被心肌、骨骼肌、脂肪组织及肝组织细胞摄取利用。在 LPL 的作用下，CM 不断脱脂使颗粒变小转变成为富含胆固醇酯的 CM 残余颗粒，最后被肝细胞摄取并代谢。正常人 CM 在血浆中代谢迅速，半衰期为 5~15min，因此空腹 12~14h 后血浆中不含 CM。

2. 极低密度脂蛋白（VLDL）　VLDL 在肝中合成，其功能是转运内源性脂肪（将肝合成的脂肪运到肝外）。肝细胞能够以葡萄糖为原料合成甘油三酯，也能够利用食物和脂肪组织动员的脂肪酸合成甘油三酯，后者连同载脂蛋白、磷脂及胆固醇形成 VLDL。VLDL 分泌入血后，受脂蛋白脂肪酶（LPL）作用，VLDL 中的甘油三酯逐步水解并被肝外组织细胞摄取利用。而 VLDL 亦由原来富含脂肪的颗粒逐渐变为富含胆固醇的颗粒，最后转变为中间密度脂蛋白（IDL）。部分 IDL 可被肝细胞摄取代谢，剩余的 IDL（约 50%）在 LPL 及肝脂肪酶进一步作用下，其中甘油三酯继续水解，胆固醇酯进一步升高，使 IDL 转变成 LDL。

3. 低密度脂蛋白（LDL）　LDL 是由 VLDL 在血浆中转变而来，其功能是转运内源性胆固醇（将肝合成的胆固醇运到肝外）。LDL 是含胆固醇最多的脂蛋白，也是正常成人空腹血浆中的主要脂蛋白，约占血浆脂蛋白总量的 2/3。肝是 LDL 降解的主要器官，肾上腺皮质、卵巢和睾丸等组织摄取及降解 LDL 的能力也很强。正常人空腹血浆中的胆固醇主要存在于 LDL 中，血浆 LDL 含量增高的人易患动脉粥样硬化。

4. 高密度脂蛋白（HDL）　HDL 主要在肝合成，小肠也可合成一部分。HDL 进入血液循环后，在血浆中的磷脂酰胆碱 - 胆固醇酯酰基转移酶的催化下，胆固醇与磷脂酰胆碱作用生成胆固醇酯。反应所需的游离胆固醇、磷脂酰胆碱可从 CM、VLDL、衰老的细胞膜等处不断地得到补充。HDL 在血液中经过一系列代谢转变后，又被运回肝降解，释出的胆固醇被肝细胞转变为胆汁酸或直接随胆汁排至体外。因此，HDL 的功能是逆向转运胆固醇（将肝外的胆固醇运到肝内）。血浆 HDL 含量较高的人发生动脉粥样硬化的趋势较小。

三、高脂蛋白血症

血脂浓度高于参考值上限称为高脂血症。由于血脂是以脂蛋白的形式存在于血浆中，血脂浓度升高就意味着血浆脂蛋白浓度也升高，因此，高脂血症也可称为高脂蛋白血症。正常人上限标准因地区、膳食、年龄、劳动状况及测定方法不同而有差异。高脂蛋白血症可按病因分为原发性和继发性两大类。原发性高脂蛋白血症的发病原因，现已证明有些是遗传性缺陷。已发现参与脂蛋白代谢的关键酶如 LPL 和 LCAT，载脂蛋白如 Apo CⅡ、Apo B、Apo E、Apo AⅠ和 Apo CⅢ，以及脂蛋白受体如 LDL 受体等遗传性缺陷，并阐明了某些高脂蛋白血症发病的分子机制。继发性高脂蛋白血症是继发于其他疾病如糖尿病、肾病和甲状腺功能减退症等的高脂蛋白血症。

1970 年世界卫生组织（WHO）建议将高脂蛋白血症按照临床表型分为六型，表 7-3 列出了各型高脂蛋白血症相应的血浆脂蛋白及血脂的变化。

表 7-3　高脂蛋白血症的分型

分型	血浆脂蛋白变化	血脂变化	
Ⅰ	乳糜微粒增高	甘油三酯显著增高	胆固醇增高
Ⅱa	低密度脂蛋白增高	胆固醇明显增高	
Ⅱb	低密度脂蛋白和极低密度脂蛋白都增高	胆固醇明显增高	甘油三酯明显增高
Ⅲ	中间密度脂蛋白增高（电泳出现宽β带）	胆固醇明显增高	甘油三酯明显增高
Ⅳ	极低密度脂蛋白增高	甘油三酯明显增高	
Ⅴ	极低密度脂蛋白和乳糜微粒都增高	甘油三酯显著增高	胆固醇增高

章末小结

脂类是脂肪和类脂的总称。

脂肪是机体重要的储能和供能物质。当机体需要能量时，脂肪水解成甘油及脂肪酸，甘油可转变为磷酸二羟丙酮而进入糖代谢途径继续代谢；脂肪酸经 β- 氧化分解为大量乙酰 CoA 后，通过三羧酸循环彻底氧化。脂肪酸在肝中β- 氧化所生成的乙酰 CoA 有一部分缩合成酮体（包括乙酰乙酸、β- 羟丁酸、丙酮）后运往肝外组织氧化利用。

类脂包括磷脂、糖脂、胆固醇及其酯，是生物膜的重要组分，亦可转变为胆汁酸盐等生物活性物质。甘油磷脂是体内含量最多的磷脂，其合成原料为甘油二酯及胆碱、乙醇胺等含氮物质，并需 ATP、CTP 的参与。胆固醇主要在肝脏以乙酰 CoA 为原料、NADPH 为供氢体进行合成。

血浆中的脂类称为血脂，以脂蛋白的形式存在。用电泳法和超速离心法均可将血浆脂蛋白分为四种，CM 功能是转运外源性脂肪，VLDL 功能是转运内源性脂肪，LDL 功能是转运内源性胆固醇，HDL 功能是逆向转运胆固醇。血脂浓度高于参考值上限称为高脂血症，高脂血症也可称为高脂蛋白血症。高脂蛋白血症可按病因分为原发性和继发性两大类。

（莫小卫）

？ 思考与练习

一、名词解释

1. 血脂　　2. 酮体　　3. 脂肪动员　　4. 脂肪酸 β- 氧化　　5. 高脂血症

二、填空题

1. 电泳法可将血浆脂蛋白分为　　　　、　　　　、　　　　和乳糜微粒四种类型。

2. 根据血浆脂蛋白的密度，可将其分为　　　　、　　　　、　　　　和 CM 四种类型。

3. 储存在脂库中的甘油三酯，被　　　　逐步水解为　　　　和　　　　并释放入血，以供全身各组织氧化利用的过程，称为脂肪动员。

4. 脂肪酸彻底氧化生成 H_2O 和 CO_2 的全过程包括　　　　、　　　　、　　　　和乙酰 CoA 的彻底氧化四个阶段。

5. 胆固醇可转化为　　　　、　　　　和　　　　等。

6. 类脂包括　　　　、　　　　、　　　　和　　　　。

7. 脂肪的生理功能有　　　　、　　　　、　　　　和　　　　。

8. 脂肪酸的 β- 氧化经过　　　　、　　　　、　　　　和　　　　四个步骤。

9. 合成酮体的原料是　　　　, 合成的部位是在　　　　合成, 在　　　　氧化利用。

10. 体内磷脂主要有　　　　和　　　　两种。

三、简答题

1. 血脂包括哪些主要成分？试述其来源与去路。

2. 简述血浆脂蛋白的分类、化学组成特点及其主要生理功能。

3. 酮体所括哪些？酮体代谢有何生理意义？

第八章 | 蛋白质的分解代谢

08章 数字内容

学习目标

1. 具有关怀患者的职业素养,培养学生关注人类代谢相关疾病,追求真理,践行"健康中国"的理念和目标。
2. 掌握蛋白质的生理功能;蛋白质的需要量;氨基酸的脱氨基作用;氨的代谢。
3. 熟悉蛋白质的营养价值;氨基酸代谢概况;α-酮酸代谢;氨基酸、糖、脂肪在代谢上的联系。
4. 了解氨基酸的脱羧基作用;含硫氨基酸代谢;一碳单位代谢;芳香族氨基酸代谢。

蛋白质的基本组成单位是氨基酸。蛋白质在体内进行分解代谢时,首先分解为氨基酸,再进一步代谢,所以氨基酸代谢是蛋白质分解代谢的中心内容。氨基酸代谢包括合成代谢和分解代谢两方面,本章重点介绍氨基酸分解代谢。体内蛋白质的更新与氨基酸的分解均需要食物蛋白质来补充。所以,在讨论氨基酸代谢之前,首先学习蛋白质的营养作用。

第一节 蛋白质的营养作用

导入案例

某女,40岁,自称美食家,长期大量食入鸡鸭鱼肉等高蛋白食物,体重超标。营养科医生要求该女士改变饮食习惯。

请思考:为什么长期大量食入高蛋白食物会体重超标?

蛋白质是机体必需的重要营养素,提高食物蛋白质的营养价值,对于保证机体组织细胞的正常代谢及生理功能具有重要作用。

一、蛋白质的生理功能

(一)维持组织细胞的生长、更新和修复

蛋白质是机体组织细胞的主要结构成分。细胞中,除水分外,蛋白质约占细胞内物质的80%。机体的生长发育、组织细胞的更新及受损组织细胞的修复都必须以蛋白质作为物质基础。膳食中必须提供足够质与量的蛋白质,才能维持机体的生长、发育、更新和修复。尤其在生长发育旺盛和组织受创伤时,更需要大量蛋白质作为合成和修复组织的原料。

(二)参与体内各种重要的生理活动

蛋白质参与体内多种重要含氮活性物质的合成(如酶、抗体、补体、肽类激素、神经递质等),在维持机体正常生理功能和调节物质代谢中具有重要作用。可以说,人体的一切生理活动都离不开蛋白质。如肌肉收缩、物质运输、凝血与抗凝血、代谢反应的催化与调节、免疫应答、遗传与变异等生理过程,都需要蛋白质参与完成。

(三)氧化供能

蛋白质在体内分解为氨基酸,后者经脱氨基作用生成 α-酮酸后,可以直接或间接进入三羧酸循环氧化供能。1g 蛋白质在体内氧化分解可产生 17.9kJ(4.3kcal)能量。一般成人每日约有 18% 的能量来自蛋白质分解。

氧化供能并非蛋白质的主要功能,糖和脂肪才是机体主要的能量来源。蛋白质的主要功能是构建组织细胞和合成含氮活性物质。由于蛋白质在元素组成上的特点,使得糖和脂肪等其他物质都不能替代其完成这两种重要功能。

知识拓展

人体必需的营养物质

营养物质是指能够维持机体正常的生命活动、保证机体生长发育及繁殖等功能的外源性物质。营养物质具有提供能量、构建和修复机体组织以及调节机体生理功能的作用。人体必需的营养物质有六大类,糖类、脂类、蛋白质、水、无机盐和维生素,一些科学家把纤维素称为人体"第七营养素",具有促进胃肠蠕动及通便等作用。

二、蛋白质的需要量

人体必须补充足够数量的蛋白质才能维持正常的生理活动,但蛋白质的摄入量也并非越多越好。人体对蛋白质的需要量可根据氮平衡试验来确定。

(一)氮平衡

氮平衡是指人体每日摄入氮量与排出氮量之间的平衡关系。食物中的含氮化合物主要是蛋白质,而蛋白质的含氮量又相对恒定,因此测定食物的含氮量可以反映蛋白质的摄入量;而排泄物中的含氮化合物主要是蛋白质的分解代谢产物,测定排泄物的含氮量可以反映体内蛋白质的分解量。因此,氮平衡可反映机体蛋白质代谢概况。氮平衡有三种类型:

1. 总氮平衡　人体每日摄入氮 = 排出氮,称为总氮平衡。表示体内蛋白质的合成与分解处于动态平衡。总氮平衡见于营养供给合理的健康成年人。其摄入体内的蛋白质除用于更新组织蛋白外,多余的用于氧化供能或转变成糖和脂肪储存。

2. 正氮平衡　人体每日摄入氮＞排出氮,称为正氮平衡。表示体内蛋白质的合成大于分解,机体有大量新组织合成。常见于生长发育的婴幼儿、儿童、青少年、孕妇、乳母及恢复期的患者。摄入体内的蛋白质除用于更新组织蛋白外,一部分转变成新的组织成分保留在体内。

3. 负氮平衡　人体每日摄入氮＜排出氮,称为负氮平衡。表示体内蛋白质的分解大于合成,机体有大量组织被消耗。常见于长期饥饿、营养不良、慢性消耗性疾病和恶性肿瘤晚期患者等。其摄入体内的蛋白质少于被消耗的组织蛋白,大量结构蛋白和功能蛋白被分解,机体日渐消瘦且生理功能逐渐降低,出现创伤修复缓慢,伤口不易愈合,抗病能力下降等表现。

无论何种情况都应该尽量保持总氮平衡或正氮平衡,防止负氮平衡的发生。

(二)蛋白质的需要量

根据氮平衡试验计算,正常成人(以60kg体重为例)不进食蛋白质时,每日最低分解蛋白质约20g。由于食物蛋白质与人体蛋白质在组成上的差异,食物蛋白质不能全部吸收利用,故正常成人每日蛋白质最低生理需要量为30~50g。为了维持总氮平衡,保证人体处于最佳生理状态,我国营养学会推荐正常成人每日的蛋白质摄入量为80g。婴幼儿、儿童、青少年、孕妇、乳母及恢复期患者等特殊人群应按照具体情况适当增加。

三、蛋白质的营养价值

(一)食物蛋白质营养价值评价

组成人体蛋白质的氨基酸有20种对于成年人而言,其中8种氨基酸机体自身不能合成,必须由食物蛋白质提供,称为必需氨基酸,包括异亮氨酸、甲硫氨酸、缬氨酸、亮氨酸、色氨酸、苯丙氨酸、苏氨酸和赖氨酸。其余12种氨基酸人体可以自行合成,不必依赖食物蛋白质的供给,称为非必需氨基酸。

食物蛋白质营养价值的高低主要取决于其所含必需氨基酸的种类、数量和比例是否与人体所需要的相接近。越接近,其吸收利用率越高,营养价值也就越高;反之,其营养价值就低。以此为标准,动物蛋白质的营养价值一般高于植物蛋白质。此外,合成组织蛋白质还需要一定比例的非必需氨基酸。食物中的必需氨基酸和非必需氨基酸保持一定的比例,才能提高蛋白质的利用率。因此,临床上对实施完全胃肠道外营养的患者,除给予足够的必需氨基酸外,还应该提供适当的非必需氨基酸,才能满足其蛋白质代谢的需要。

（二）蛋白质的互补作用

将几种营养价值较低的蛋白质混合食用,可以提高蛋白质的营养价值,称为蛋白质的互补作用。其实质是不同食物蛋白质所含必需氨基酸的互相补充。例如:谷类蛋白质含色氨酸较多而赖氨酸较少,豆类蛋白质含赖氨酸较多而色氨酸较少,两者混合食用,可明显提高营养价值。所以我们平时应提倡膳食种类多样化,合理化。

第二节　氨基酸的一般代谢

一、氨基酸代谢概况

食物蛋白质经消化吸收后,以氨基酸的形式经门静脉入肝,再经血液循环进入全身各组织,与体内组织蛋白分解产生的氨基酸和体内合成的氨基酸一起,分布于体液中,共同组成氨基酸代谢库。代谢库中的氨基酸有 4 条去路:①合成组织蛋白质,这是氨基酸的主要去路;②经脱氨基作用生成氨和相应的 α- 酮酸,这是氨基酸分解代谢的主要去路;③经脱羧基作用生成胺和 CO_2;④转变为其他含氮化合物。正常情况下,代谢库中氨基酸的来源和去路保持动态平衡。氨基酸代谢概况见图 8-1。

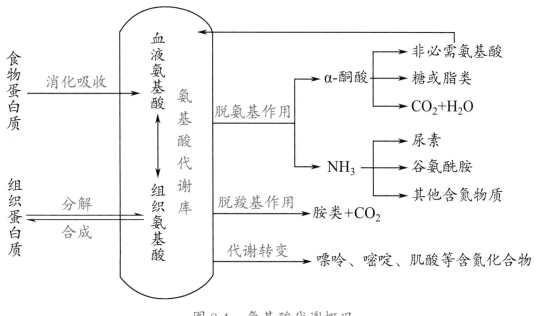

图 8-1　氨基酸代谢概况

二、氨基酸的脱氨基作用

氨基酸分解代谢的最主要方式是脱氨基作用，在体内大多数组织中均可进行。体内的脱氨基作用主要有转氨基作用、氧化脱氨基作用和联合脱氨基作用等 3 种形式，其中联合脱氨基作用最为重要。

（一）转氨基作用

α-氨基酸分子中的 α-氨基与 α-酮酸分子中的 α-酮基在氨基转移酶的催化下互相交换，生成相应的新的 α-酮酸和新的 α-氨基酸，此可逆反应称为转氨基作用。反应过程如下：

$$
\underset{\text{氨基酸}}{H-\underset{\underset{COOH}{|}}{\overset{\overset{R_1}{|}}{C}}-NH_2} \;+\; \underset{\alpha\text{-酮酸}}{\underset{\underset{COOH}{|}}{\overset{\overset{R_2}{|}}{C}}=O} \quad \xrightarrow[\;]{\text{转氨酶}} \quad \underset{\alpha\text{-酮酸}}{\underset{\underset{COOH}{|}}{\overset{\overset{R_1}{|}}{C}}=O} \;+\; \underset{\text{氨基酸}}{H-\underset{\underset{COOH}{|}}{\overset{\overset{R_2}{|}}{C}}-NH_2}
$$

在此反应中，氨基只是从一种氨基酸分子转移到另一种氨基酸分子上，并没有真正脱去，体内氨基酸的数量在反应前后没有变化，也不产生游离氨。由于该反应可逆，可使 α-氨基酸转移出氨基生成相应的 α-酮酸，也可使 α-酮酸接受氨基生成相应的 α-氨基酸。转氨基作用既是氨基酸分解代谢的重要途径，也是合成非必需氨基酸的重要途径之一，当体内需要某种氨基酸时，只要有相应的 α-酮酸存在，就可通过该反应生成所需氨基酸。在蛋白质代谢及实现蛋白质与其他物质的相互转变中具有重要意义。

氨基转移酶又称转氨酶，在体内的分布广、特异性强、活性高，其辅酶为维生素 B_6 的磷酸酯——磷酸吡哆醛和磷酸吡哆胺。体内较为重要的转氨酶有两种：①丙氨酸氨基转移酶 (ALT)，又称谷丙转氨酶（GPT），其在肝中含量最多、活性最强；②天冬氨酸氨基转移酶 (AST)，又称谷草转氨酶（GOT），其在心肌中含量最多、活性最强（表 8-1）。两种酶所催化的反应如下：

氨基转移酶属于胞内酶，正常情况下，血清中氨基转移酶的活性较低。当组织细胞受损（如细胞膜通透性增加或细胞破坏）时，大量氨基转移酶释放入血，造成血清中该酶活性明显升高。如急性肝炎患者血清中 ALT 明显升高；心肌梗死患者血清中 AST 明显升高。因此，测定血清转氨酶的活性变化，可作为对某些疾病进行诊断和估计预后的指标之一。

$$
\underset{\text{谷氨酸}}{\underset{\underset{COOH}{|}}{\overset{\overset{\overset{COOH}{|}}{(CH_2)_2}}{\underset{}{HC}}}-NH_2} \;+\; \underset{\text{丙酮酸}}{\underset{\underset{COOH}{|}}{\overset{\overset{CH_2}{|}}{C}}=O} \quad \underset{\;}{\overset{\text{ALT}}{\rightleftharpoons}} \quad \underset{\alpha\text{-酮戊二酸}}{\underset{\underset{COOH}{|}}{\overset{\overset{\overset{COOH}{|}}{(CH_2)_2}}{\underset{}{C}}=O}} \;+\; \underset{\text{丙氨酸}}{\underset{\underset{COOH}{|}}{\overset{\overset{CH_2}{|}}{HC}}-NH_2}
$$

	COOH			COOH				COOH			COOH
	CH₂			(CH₂)₂				CH₂			(CH₂)₂

天冬氨酸　　　　α-酮戊二酸　　　　　　　草酰乙酸　　　　谷氨酸

表8-1　正常成人组织中 ALT 及 AST 活性　　　　单位：U/g 组织

组织	ALT	AST	组织	ALT	AST
心脏	7 100	156 000	胰腺	2 000	28 000
肝脏	44 000	142 000	脾脏	1 200	14 000
骨骼肌	4 800	99 000	肺	700	10 000
肾脏	19 000	91 000	血清	16	20

（二）氧化脱氨基作用

氨基酸在氨基酸氧化酶的催化下脱氢氧化生成亚氨基酸，再水解生成 α- 酮酸和游离氨的过程，称为氧化脱氨基作用。体内有多种氨基酸氧化酶，以 L- 谷氨酸脱氢酶最为重要。L- 谷氨酸脱氢酶广泛分布于肝、肾、脑等组织，活性较高，特异性强，只能催化 L- 谷氨酸脱氢氧化生成亚谷氨酸，继续水解生成 α- 酮戊二酸和氨；反应中脱下的氢由其辅酶 NAD^+ 接受，经呼吸链氧化生成水，同时产生 ATP。谷氨酸氧化脱氨基反应过程如下：

L-谷氨酸　　　　　　　亚谷氨酸　　　　　　α- 酮戊二酸

（三）联合脱氨基作用

由两种或两种以上的酶共同作用使氨基酸最终脱去氨基生成 α- 酮酸的反应过程称为联合脱氨基作用。联合脱氨基作用是体内各组织中氨基酸脱氨基的主要方式，其作用过程有两种形式。

1. 转氨酶与谷氨酸脱氢酶的联合脱氨基作用　　由于转氨酶和 L- 谷氨酸脱氢酶广泛分布于肝、肾、脑等组织，活性较高，所以，这些组织中的氨基酸可以通过转氨酶和 L- 谷氨酸脱氢酶联合催化脱去氨基。首先，氨基酸与 α- 酮戊二酸在转氨酶的催化下进行转氨基反应生成 α- 酮酸和谷氨酸，然后由 L- 谷氨酸脱氢酶催化谷氨酸氧化脱氨基生成氨和

α- 酮戊二酸。此过程可逆,是体内合成非必需氨基酸的重要方式。转氨酶和谷氨酸脱氢酶的联合脱氨基作用见图8-2。

2. 嘌呤核苷酸循环　在骨骼肌和心肌组织中, L- 谷氨酸脱氢酶的活性较低,氨基酸主要是通过嘌呤核苷酸循环完成脱氨基作用,该反应过程不可逆。嘌呤核苷酸循环见图8-3。

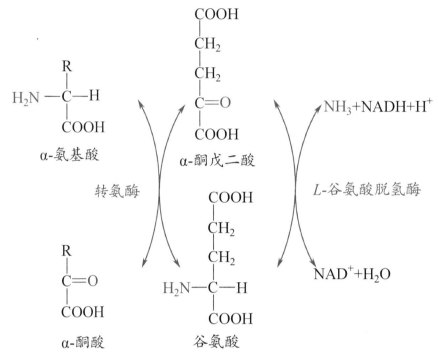

图 8-2　转氨酶和谷氨酸脱氢酶的联合脱氨基作用

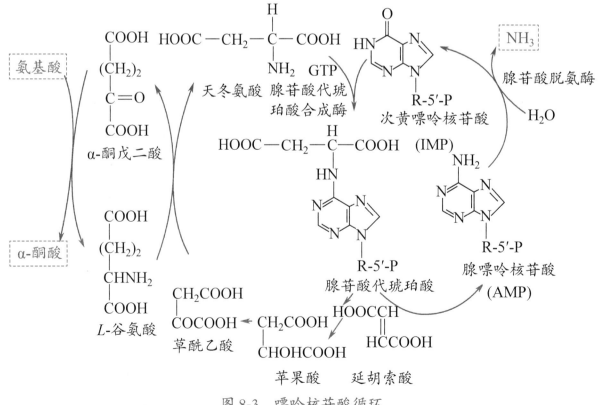

图 8-3　嘌呤核苷酸循环

三、氨 的 代 谢

氨是机体正常代谢的产物,具有一定毒性,脑组织对氨尤为敏感。如给家兔注射氯化铵,家兔血氨浓度达 2.9mmol/L 即可死亡。由于体内有较强的解除氨毒的代谢机制,所以正常人血浆中氨的含量一般不超过 0.06mmol/L。血氨的来源与去路见图 8-4。

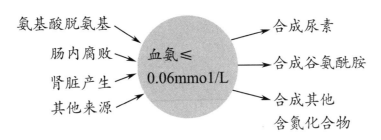

图 8-4　血氨的来源与去路

（一）体内氨的来源

1. **氨基酸脱氨基作用**　氨基酸脱氨基作用产生的氨,是体内氨的主要来源。

2. **肠道吸收**　由肠道吸收的氨是血氨的重要来源,每日约 4g,主要来源于:

（1）肠道内未被消化的蛋白质和未被吸收的氨基酸在肠道细菌的作用下,经腐败作用产生的氨。

（2）血中尿素扩散入肠道后在细菌尿素酶作用下水解生成的氨。

NH_3 比 NH_4^+（铵盐）更易穿过肠黏膜细胞而被吸收。当肠道 pH 偏高时,NH_4^+ 趋于转变为 NH_3,增加 NH_3 的吸收。因此临床对高血氨患者通常采用弱酸溶液做结肠透析,而禁止用碱性肥皂水灌肠,就是为了减少肠道氨的吸收。

3. **肾脏产生**　血液中的谷氨酰胺流经肾脏时,可被肾小管上皮细胞中的谷氨酰胺酶催化,水解生成谷氨酸和 NH_3,NH_3 可吸收入血成为血氨的又一来源。NH_3 也可分泌到肾小管管腔与 H^+ 结合成 NH_4^+,以铵盐形式随尿液排出体外,同时参与体内酸碱平衡的调节。酸性尿利于 NH_3 生成 NH_4^+,易于排出,相反碱性尿阻碍 NH_3 的排出,此时 NH_3 扩散入血,血氨浓度升高。故临床上对肝硬化产生腹水的患者不宜用碱性利尿药,就是为了防止血氨升高。

4. **其他来源**　其他含氮物如胺类、嘌呤、嘧啶等分解时也可产生氨。

（二）氨的去路

1. **尿素的生成**　正常情况下体内氨主要在肝脏内合成无毒的尿素,经肾脏排出。实验证明,将犬的肝切除,则血及尿中尿素含量降低,而血氨浓度升高。临床上暴发性肝衰竭患者的血及尿中几乎不含尿素,而血氨含量升高,可见肝是合成尿素的最主要器官,其他器官合成量甚微。体内 80%~90% 的氨是在肝经鸟氨酸循环合成无毒的尿素。

鸟氨酸循环可分为 4 步:

（1）合成氨基甲酰磷酸:在肝细胞的线粒体中,NH_3、CO_2 和 H_2O 在氨基甲酰磷酸合成酶 I 的催化下,消耗 2 分子 ATP,合成氨基甲酰磷酸。此反应不可逆。

$$NH_3 + CO_2 + H_2O + 2ATP \xrightarrow[\text{N-乙酰谷氨酸Mg}^{2+}]{\substack{\text{氨基甲酰磷酸}\\\text{合成酶 I}}} H_2N\text{-}C\text{-}O\text{-}PO_3H_2 + 2ADP + H_3PO_4$$
氨基甲酰磷酸

（2）合成瓜氨酸：氨基甲酰磷酸与鸟氨酸在鸟氨酸氨基甲酰转移酶的催化下生成瓜氨酸。此反应仍在线粒体中进行，不可逆。

$$
\begin{array}{ccc}
NH_2 & & NH_2 \\
| & NH_2 & | \\
(CH_2)_3 & | & C=O \\
| & C=O & | \\
HC\text{-}NH_2 & | & NH \\
| & O\text{-}H_3PO_4 & | \\
COOH & & (CH_2)_3 \\
& & | \\
& & HC\text{-}NH_2 \\
& & | \\
& & COOH
\end{array}
$$

鸟氨酸　　氨基甲酰磷酸　　　　　　　　瓜氨酸

（3）合成精氨酸：瓜氨酸通过线粒体膜进入细胞质，在精氨酸代琥珀酸合成酶的催化下，与天冬氨酸反应生成精氨酸代琥珀酸，反应需 ATP 供能。随后由精氨酸代琥珀酸裂解酶催化裂解生成精氨酸及延胡索酸。精氨酸代琥珀酸合成酶是尿素合成的关键酶。延胡索酸可经三羧酸循环转化成草酰乙酸，受 AST 催化再次生成天冬氨酸。

瓜氨酸　　　天冬氨酸　　精氨酸代琥珀酸合成酶 Mg²⁺　　　精氨酸代琥珀酸 + AMP + PPi

精氨酸代琥珀酸　←精氨酸代琥珀酸裂解酶→　精氨酸 + 延胡索酸

（4）合成尿素：精氨酸在精氨酸酶的催化下，水解生成尿素和鸟氨酸。

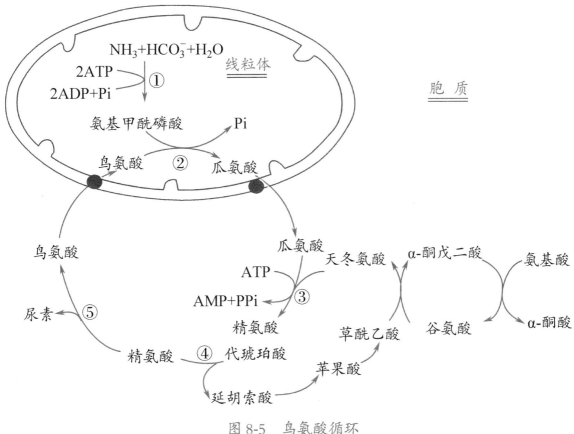

鸟氨酸可通过线粒体内膜上的转运载体进入线粒体，重复上述反应，构成鸟氨酸循环，见图8-5。

图8-5 鸟氨酸循环

①氨基甲酰磷酸合成酶Ⅰ；②鸟氨酸氨基甲酰转移酶；③精氨酸代琥珀酸合成酶；
④精氨酸代琥珀酸裂解酶；⑤精氨酸酶。

2. 谷氨酰胺的合成 在脑、肌肉和肝等组织中，由ATP提供能量，经谷氨酰胺合成酶催化，有毒的氨与谷氨酸合成无毒的谷氨酰胺，经血液运输到肝或肾，再经谷氨酰胺酶水解为谷氨酸和氨。氨在肝可合成尿素，在肾则以铵盐形式随尿排出体外。

所以谷氨酰胺的生成不仅参与蛋白质的生物合成,而且也是体内储氨、运氨以及转运氨的一种重要方式。脑组织对氨的毒性极为敏感,谷氨酰胺在脑中固定和转运氨的过程中起着重要作用。临床上对肝性脑病患者可服用或输入谷氨酸盐以降低血氨的浓度。

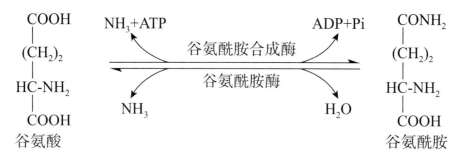

3. 其他代谢途径　氨与 α- 酮酸通过联合脱氨基的逆反应合成非必需氨基酸。氨还可作为一种氮源参与嘌呤、嘧啶等含氮化合物的合成。

(三)高血氨和氨中毒

正常生理情况下,血氨的来源和去路保持动态平衡,血氨浓度很低。正常人血氨浓度一般不超过 60μmol/L。由于体内 80%~90% 的氨经肝合成尿素,所以肝是维持这一平衡的重要器官。肝功能严重受损时,尿素合成发生障碍,血氨浓度升高,称为高氨血症。

高血氨时,氨可通过血脑屏障进入脑组织,与 α- 酮戊二酸结合生成谷氨酸,并进一步生成谷氨酰胺。脑中氨的增加可消耗过多的 α- 酮戊二酸,致使三羧酸循环减弱,脑中 ATP 生成减少,引起脑组织因供能不足而出现功能障碍,严重时可发生昏迷,称为肝性脑病,也称肝昏迷。

四、 α- 酮酸的代谢

氨基酸经脱氨基作用生成的 α- 酮酸主要有三条代谢途径。

(一)再合成非必需氨基酸

α- 酮酸经转氨基作用或联合脱氨基作用的逆反应(氨基化)重新合成相应的非必需氨基酸。例如,丙氨酸、天冬氨酸、谷氨酸可分别由丙酮酸、草酰乙酸、α- 酮戊二酸氨基化生成。

(二)转化为糖或脂肪

体内多数氨基酸脱去氨基后生成的 α- 酮酸可经糖异生作用转变为糖,这些氨基酸称为生糖氨基酸,绝大部分氨基酸均为生糖氨基酸。一些氨基酸如赖氨酸、亮氨酸可转变为酮体,称为生酮氨基酸。生酮氨基酸经脂肪酸合成途径可转变为脂肪酸。还有一些氨基酸如苯丙氨酸、色氨酸、酪氨酸、异亮氨酸、苏氨酸,既能转变为糖又能转变成酮体,称为生糖兼生酮氨基酸(表 8-2)。

表 8-2　氨基酸生糖及生酮性质的分类

类别	氨基酸
生酮氨基酸	亮氨酸、赖氨酸
生糖兼生酮氨基酸	异亮氨酸、苯丙氨酸、酪氨酸、苏氨酸、色氨酸
生糖氨基酸	其他氨基酸

（三）氧化供能

α- 酮酸在体内可通过三羧酸循环与呼吸链彻底氧化成 CO_2 及 H_2O，同时释放能量。在正常情况下，蛋白质分解提供的能量约占食物总能量的 18%；只有在长期饥饿等特殊情况下，蛋白质分解供能的比例才会增加。

第三节　个别氨基酸的代谢

组成人体蛋白质常见的 20 种氨基酸，由于化学结构上的共性表现出共同的代谢规律；但因氨基酸侧链的不同，使它们又具有特殊的代谢特点和途径，并具有重要的生理意义。本节主要介绍氨基酸的脱羧基作用、一碳单位代谢、含硫氨基酸代谢和芳香族氨基酸代谢等。

一、氨基酸的脱羧基作用

体内部分氨基酸在氨基酸脱羧酶的催化下脱羧生成 CO_2 和胺，此过程称为氨基酸的脱羧基作用。氨基酸脱羧基作用并非氨基酸主要的分解途径。胺的含量不高，但在生理浓度时具有重要生理作用。然而，胺若在体内蓄积，会引起神经和心血管系统功能紊乱，体内广泛存在胺氧化酶，能迅速将胺氧化成为醛，醛再氧化成羧酸，从而避免胺类物质在体内的蓄积中毒。

$$\underset{\text{氨基酸}}{R\!-\!\underset{\underset{NH_2}{|}}{CH}\!-\!COOH} \longrightarrow \underset{\text{胺}}{R\!-\!CH_2\!-\!NH_2} + CO_2$$

$$\underset{\text{胺}}{R\!-\!CH_2\!-\!NH_2} + O_2 + H_2O \xrightarrow{\text{胺氧化酶}} \underset{\text{醛}}{R\!-\!CHO} + H_2O_2 + NH_3$$

$$\underset{\text{醛}}{R\!-\!CHO} \xrightarrow{\text{醛氧化酶}} \underset{\text{酸}}{R\!-\!COOH} \xrightarrow{\text{氧化分解}} CO_2 + H_2O + ATP$$

（一）组胺

组氨酸通过组氨酸脱羧酶的催化生成组胺。组胺在体内广泛分布于肺、乳腺、肝、肌肉、胃黏膜、结缔组织等部位的肥大细胞内。

组胺是一种强烈血管舒张剂，能增加毛细血管通透性，可引起血压下降和局部水肿。创伤性休克、炎症、过敏反应都与组胺的释放密切相关。组胺还可以促进胃蛋白酶和胃酸的分泌，所以常用作胃分泌功能的研究。

$$组氨酸 \xrightarrow{\text{组氨酸脱羧酶}} 组胺 \searrow CO_2$$

（二）γ-氨基丁酸

γ-氨基丁酸（GABA）是谷氨酸经谷氨酸脱羧酶催化脱羧生成。在脑、肾组织中活性较高，是一种中枢神经系统的抑制性神经递质，对中枢神经有普遍抑制作用。临床上使用维生素 B_6 治疗妊娠呕吐、小儿惊厥以及抗结核药物异烟肼所引起的脑兴奋副作用等，都是基于维生素 B_6 能增强脑内谷氨酸脱羧酶辅酶合成，促进 GABA 生成，从而起到抑制作用。

$$
\begin{array}{c}
COOH \\
| \\
(CH_2)_2 \\
| \\
HC-NH_2 \\
| \\
COOH \\
谷氨酸
\end{array}
\xrightarrow[\text{磷酸吡哆醛}]{\text{谷氨酸脱羧酶}}
\begin{array}{c}
COOH \\
| \\
(CH_2)_2 \\
| \\
HC-NH_2 \\
| \\
H \\
\gamma-氨基丁酸
\end{array}
+ CO_2
$$

（三）5-羟色胺

色氨酸在脑中首先由色氨酸羟化酶催化生成 5-羟色氨酸，再经脱羧酶作用生成 5-羟色胺。5-羟色胺广泛分布于神经组织、胃肠、血小板、乳腺细胞中，尤其脑组织含量较高。脑组织中的 5-羟色胺是一种抑制性神经递质，与睡眠、疼痛和体温调节有关，其量不足影响睡眠，但过多时可升高体温，导致焦虑。在外周组织 5-羟色胺具有强烈的收缩血管、升高血压作用。

$$色氨酸 \xrightarrow{\text{色氨酸羟化酶}} 5\text{-}羟色氨酸 \xrightarrow{\text{5-羟色氨酸脱羧酶}} 5\text{-}羟色胺 \searrow CO_2$$

二、一碳单位代谢

（一）一碳单位的概念

某些氨基酸在体内分解代谢过程中产生的含有一个碳原子的有机基团，称为一碳基团或一碳单位。例如：甲基（—CH$_3$）、亚甲基或甲烯基（—CH$_2$—）、次甲基或甲炔基（＝CH—）、甲酰基（—CHO）及亚氨甲基（—CH＝NH）等。但—COOH、HCO$_3^-$、CO$_2$、CO 不属于一碳单位。一碳单位的生成、转变、运输及参与物质合成的反应过程称为一碳单位代谢。一碳单位不能游离存在，必须有载体携带和转运才能参与代谢。

（二）一碳单位的载体

一碳单位的主要载体是四氢叶酸（FH$_4$）。FH$_4$是由叶酸加氢还原而成。FH$_4$分子上第 5 位和第 10 位氮（N^5，N^{10}）是结合一碳单位的位置。

（三）一碳单位的来源及互变

产生一碳单位的氨基酸主要有甘氨酸、丝氨酸、组氨酸和色氨酸。其中丝氨酸是主要来源。来自不同氨基酸的一碳单位与 FH$_4$ 结合，在酶催化下通过氧化、还原等反应，可以互相转变。

（四）一碳单位代谢的生理意义

一碳单位的主要生理功能是作为体内合成嘌呤和嘧啶的原料，参与核酸的合成。所以，一碳单位代谢与细胞增殖、组织生长、机体发育等重要生物学过程密切相关。此外，一碳单位通过甲硫氨酸循环参与 S- 腺苷甲硫氨酸的合成，为体内许多重要生理活性物质的合成提供甲基。

FH$_4$ 缺乏时，一碳单位代谢障碍，嘌呤核苷酸和嘧啶核苷酸不能合成，DNA 和 RNA 的生物合成受到影响，导致细胞增殖、分化、成熟受阻。这种变化可严重阻碍红细胞发育和成熟，引起巨幼红细胞贫血。磺胺药及某些抗肿瘤药也正是通过干扰细菌及肿瘤细胞的 FH$_4$ 合成，来影响其一碳单位代谢进而影响核酸的合成而发挥药理作用的。

三、含硫氨基酸的代谢

体内的含硫氨基酸包括甲硫氨酸、半胱氨酸和胱氨酸。甲硫氨酸为必需氨基酸，半胱氨酸可由甲硫氨酸转化生成，胱氨酸由两个半胱氨酸缩合而成。半胱氨酸和胱氨酸供给充足时，可减少甲硫氨酸的消耗。

（一）甲硫氨酸代谢

甲硫氨酸接受 ATP 提供的腺苷生成 S- 腺苷甲硫氨酸，后者为甲基化反应提供甲基后转化为 S- 腺苷同型半胱氨酸，随后在裂解酶的作用下脱去腺苷生成同型半胱氨酸，最后在转甲基酶的作用下接受 N^5-CH$_3$-FH$_4$ 提供的甲基重新生成甲硫氨酸，构成甲硫氨酸循环（图 8-6）。

转甲基酶的辅酶是维生素 B$_{12}$。机体缺乏维生素 B$_{12}$ 时，转甲基酶活性下降，不能催化 N^5-CH$_3$-FH$_4$ 的甲基转移，影响甲硫氨酸生成和 FH$_4$ 的再生，进而影响核酸合成和细胞分裂，从而产生巨幼红细胞贫血。

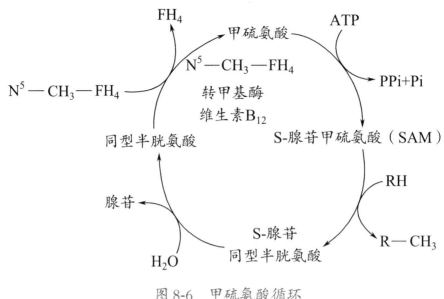

图 8-6　甲硫氨酸循环

（二）半胱氨酸与胱氨酸的代谢

1. 谷胱甘肽　谷胱甘肽(GSH)是体内半胱氨酸与谷氨酸、甘氨酸缩合而成的三肽，其活性基团巯基具有氧化还原性质。谷胱甘肽最重要的生理功能是保护体内某些蛋白质和酶蛋白分子的巯基不被氧化，从而维持它们的生物学功能。

2. 活性硫酸　半胱氨酸等含硫氨基酸在体内氧化分解产生硫酸根，后者经 ATP 活化生成 3'-磷酸腺苷-5'-磷酸硫酸(PAPS)，即活性硫酸。活性硫酸化学性质活泼，可与酶类、类固醇激素、胆红素等物质结合，在肝的生物转化过程中具有重要意义。

四、芳香族氨基酸的代谢

芳香族氨基酸包括苯丙氨酸、酪氨酸和色氨酸。其中苯丙氨酸可以转化为酪氨酸，两者在体内可生成多种生物活性物质。

（一）苯丙氨酸的代谢

苯丙氨酸是必需氨基酸。正常情况下，体内绝大多数苯丙氨酸由苯丙氨酸羟化酶催化生成酪氨酸，这是其主要代谢途径；只有少数苯丙氨酸脱氨生成苯丙酮酸。若先天性缺乏苯丙氨酸羟化酶，体内苯丙氨酸不能正常羟化，将导致其脱氨基作用增强，生成大量苯丙酮酸，引起苯丙酮酸尿症。苯丙酮酸对神经系统有毒性，会导致儿童神经系统发育障碍，智力下降。

$$苯丙氨酸 \xrightarrow{\text{苯丙氨酸羟化酶}} 酪氨酸（正常时大量）$$

$$苯丙氨酸 \xrightarrow{\text{苯丙氨酸转氨酶}} 苯丙酮酸（正常时少量）$$

（二）酪氨酸的代谢

1. 儿茶酚胺的生成　在神经组织和肾上腺髓质，酪氨酸经羟化、脱羧等反应转变为多巴胺、去甲肾上腺素和肾上腺素等儿茶酚胺类神经递质和激素,在代谢中具有重要作用。

$$酪氨酸 \xrightarrow[\text{(神经组织、肾上腺髓质)}]{\text{酪氨酸羟化酶}} 多巴 \longrightarrow 多巴胺 \longrightarrow 去甲肾上腺素 \longrightarrow 肾上腺素$$

2. 黑色素的生成　酪氨酸在酪氨酸羟化酶的催化下生成多巴,多巴在酪氨酸酶的催化下脱氢生成多巴醌,最终转化为黑色素,成为毛发、皮肤及眼球的色素。先天性缺乏酪氨酸酶,黑色素合成障碍,将导致白化病。

$$酪氨酸 \xrightarrow[\text{(黑色素细胞)}]{\text{酪氨酸酶}} 多巴 \longrightarrow 多巴醌 \longrightarrow 吲哚醌 \longrightarrow 黑色素$$

 知识拓展

白 化 病

白化病属于家族遗传性疾病,为常染色体隐性遗传病,患者体内先天性缺乏酪氨酸酶,黑色素合成障碍,皮肤、眉毛、头发呈白色或黄白色,虹膜和瞳孔呈现淡粉或淡灰色,怕光。目前对白化病的治疗只能对症,无法根治,禁止近亲结婚是重要的预防措施。

3. 甲状腺素的生成　酪氨酸碘化生成甲状腺激素(T_3、T_4)。

4. 糖和脂肪的生成　酪氨酸脱氨生成对羟苯丙酮酸,继而氧化为尿黑酸,后者经尿黑酸氧化酶催化裂解为延胡索酸和乙酰乙酸,可彻底氧化供能,也能转变为糖和脂肪。故苯丙氨酸和酪氨酸皆为生糖兼生酮氨基酸。

$$酪氨酸 \xrightarrow{\text{转氨酶}} 对羟苯丙酮酸 \longrightarrow 尿黑酸 \longrightarrow 延胡索酸+乙酰乙酸$$

苯丙氨酸和酪氨酸的代谢过程见图8-7。

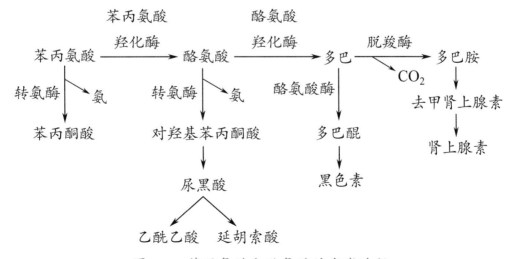

图 8-7　苯丙氨酸和酪氨酸的代谢过程

（三）色氨酸的代谢

色氨酸除了转变成 5- 羟色胺和一碳单位外，也可分解生成丙酮酸和乙酰辅酶 A，故属于生糖兼生酮氨基酸。此外，色氨酸还可以转变成维生素 PP，但合成量很少，不能满足机体的需要。

第四节　氨基酸、糖和脂肪在代谢上的联系

机体的新陈代谢是一个协调的过程，既互相联系，又彼此制约。氨基酸、糖和脂肪的代谢是通过它们的共同中间代谢产物相互联系的(图 8-8)，三羧酸循环是它们之间相互联系的枢纽。

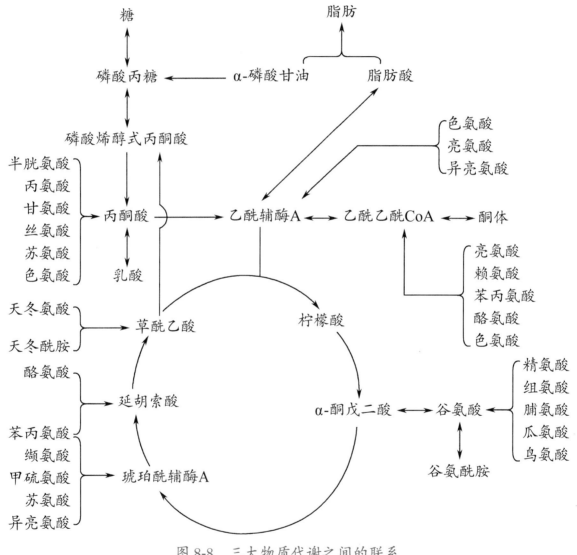

图 8-8　三大物质代谢之间的联系

一、糖与脂肪代谢的相互联系

糖在体内容易转变成脂肪。糖分解产生的磷酸二羟丙酮加氢还原成为合成脂肪的

直接原料 α- 磷酸甘油；糖代谢产生的乙酰辅酶 A 既可彻底氧化供能，又可在能量供应充足时大量用于合成脂肪酸；同时，糖代谢产物也是磷脂和胆固醇等类脂物质的合成原料。所以，摄入不含脂肪的高糖膳食，且摄入超过能量需要时，也会因脂肪合成增多而导致肥胖、高甘油三酯血症和高胆固醇血症等。

相反，脂肪绝大部分不能转变成糖。脂肪的水解产物只有甘油部分可进入糖异生途径生成糖，而脂肪酸 β- 氧化生成的乙酰辅酶 A 不能转变成丙酮酸，故脂肪酸不能转变为糖。此外，体内脂肪动员的增强多因血糖浓度降低所致，此时机体处于低能量水平，需通过脂肪酸分解来补充能量的不足；并且，糖异生需要大量耗能，而机体的低能量状态不适宜支持糖异生过程。所以，从机体的整体能量需求出发，脂肪酸也不宜异生成糖。

二、糖与氨基酸代谢的相互联系

大部分氨基酸脱氨基生成的 α- 酮酸都可转变成糖代谢的中间产物，能经糖异生途径转变为糖。当血糖浓度下降时，通过加快氨基酸的糖异生速度可以补充血糖，以维持大脑等重要组织的能量供应。所以，体内的氨基酸转变成糖具有重要的生理意义。

糖代谢的中间产物经氨基化可生成非必需氨基酸。但糖分子中没有氮元素，其只能提供生成非必需氨基酸的碳链骨架 α- 酮酸，氨基必须由其他氨基酸提供。因此，糖转变为氨基酸并不能增加体内氨基酸的数量，只能调整某些氨基酸之间的比例。必需氨基酸则因体内不能合成与其相应的 α- 酮酸，故不能在体内合成。所以，仅依靠糖的代谢转变并不能满足机体蛋白质合成对氨基酸的需要。

三、脂肪与氨基酸代谢的相互关系

氨基酸的碳链部分能转变为乙酰辅酶 A，进而生成脂肪酸用于合成脂肪；生糖氨基酸能转变成甘油参与脂肪合成，所以氨基酸可以转变成脂肪。脂肪的甘油部分可经糖异生途径合成某些 α- 酮酸，再经氨基化转变为非必需氨基酸。由于甘油在脂肪分子中所占比例很小，所以生成的氨基酸数量有限。而脂肪氧化生成的乙酰辅酶 A 转变成氨基酸的可能性则极小。

章末小结

蛋白质的生理功能是维持组织细胞的生长、更新及修复，参与体内各种重要的生理活动和氧化供能。氮平衡是研究蛋白质需要量的重要手段，我国营养学会推荐成人每日蛋白质需要量为 80g。蛋白质营养价值高低取决于其所含必需氨基酸的种类、数量和比例是否与人体所需要的相接近。

氨基酸分解代谢的最主要方式是脱氨基作用，以联合脱氨基作用最为重要，其逆过程是体内合成非必需氨基酸的主要途径。正常生理情况下，血氨的来源和去路保持着一定的动态平衡，尿素的生成是维持这种平衡的关键，高血氨可引起肝性脑病。

氨基酸脱羧基作用生成的胺具有重要的生理作用。某些氨基酸在代谢过程中生成一碳单位。与氨基酸、核酸代谢密切相关。

糖、脂肪、氨基酸在代谢过程中是相互联系、彼此制约的，三羧酸循环是它们之间相互联系的枢纽。

（张自悟）

？ 思考与练习

一、名词解释

1. 氮平衡　　2. 必需氨基酸　　3. 转氨基作用　　4. 一碳单位

二、填空题

1. 体内氨基酸脱氨基作用的方式有_____、_____和_____作用三种，其中以_____最为重要。

2. 正常情况下体内氨主要在_____内合成无毒的尿素，经_____排出，尿素合成通过_____途径合成。

3. 体内先天性酪氨酸酶缺乏引起_____病。

三、简答题

1. 简述血氨的来源与去路。

2. 简述尿素合成的生理意义。

第九章 ｜ 肝的生物化学

09章
09章 数字内容

1. 具有正确理解肝病患者疾痛的职业意识,培养学生拥有引导肝病患者进行科学检验的能力。
2. 掌握肝在物质代谢中作用;生物转化的概念及意义;胆色素的代谢及三种黄疸类型的生化特点。
3. 熟悉胆汁酸的代谢与功能;常用肝功能试验及临床意义。
4. 了解生物转化的类型及特点。

　　肝脏是人体最大的实质性腺体,在各种物质的代谢过程中发挥着重要的作用。肝不仅参与糖、脂类、蛋白质、维生素、激素等重要物质的代谢,还对某些物质具有分泌、排泄、生物转化等重要功能,故肝有"物质代谢中枢"之称。

　　肝的这些功能是由其独特的形态结构和化学组成特点所决定的。①肝具有双重血液供应,即肝动脉与门静脉,肝动脉为肝提供了充足的氧气,门静脉提供丰富的营养物质。②肝存在双重输出通道,即肝静脉与胆道系统,肝静脉与体循环相连,胆道系统与肠道相通,有利于代谢产物排出。③肝有丰富的血窦,增加肝细胞与血液接触面积,同时血流缓慢,有利于肝细胞与血液充分进行物质交换。④肝细胞有丰富的细胞器,如线粒体为物质代谢提供能量,粗面内质网、滑面内质网、高尔基复合体、溶酶体等与肝进行生物合成、生物转化等有关。⑤肝细胞有数百种酶类,种类多,含量高,参与体内物质代谢,有些酶还是肝所特有的,如酮体生成酶系等。

第一节　肝在物质代谢中的作用

一、肝在糖代谢中的作用

　　肝是调节血糖的主要器官,主要是通过肝糖原的合成与分解、糖异生作用来维持血糖浓度的相对恒定。餐后血糖浓度升高时,肝糖原的合成增加,过多葡萄糖还可以合成脂肪储存,使血糖浓度降到正常水平;空腹血糖浓度下降时,肝主要通过增加肝糖原分解来迅速补充血糖水平;严重饥饿时,肝糖原几乎被耗尽,肝的糖异生作用增强,可将非糖物质转变为葡萄糖,以维持血糖浓度的相对恒定。

肝细胞严重损伤时,肝糖原的合成与分解、糖异生作用降低,空腹时容易发生低血糖,进食后又容易出现暂时性高血糖。

二、肝在脂类代谢中的作用

肝在脂类的消化、吸收、分解、合成和运输过程中均发挥着重要的作用。

肝细胞合成与分泌的胆汁酸,是强乳化剂,可将食物中脂类乳化成细小微团,促进脂类的消化吸收。肝胆疾病时,肝合成、分泌与排泄胆汁酸能力下降,脂类的消化吸收发生障碍,可出现食欲下降、厌油感、脂肪泻等临床症状。

肝是合成脂肪酸、脂肪、磷脂、胆固醇的主要器官,也是合成 VLDL 和 HDL 等血浆脂蛋白的主要场所。当肝功能障碍时,胆固醇合成减少,磷脂合成减少,VLDL 合成发生障碍,导致肝内合成的脂肪不能及时运出而堆积,引起脂肪肝。

肝是脂肪酸分解的主要场所,肝细胞内脂肪酸 β- 氧化产生的乙酰辅酶 A,一方面进入三羧酸循环氧化供能,另一方面合成酮体,可为脑、心、肌肉等肝外组织提供能量。肝还是 LDL 降解的主要器官,肝细胞膜上有 LDL 受体,能与 LDL 特异性结合使其被吞入肝细胞内降解。

三、肝在蛋白质代谢中的作用

肝在蛋白质合成、分解代谢过程中发挥着重要的作用。

肝是合成蛋白质的重要器官。血浆中绝大部分蛋白质均由肝合成,如全部清蛋白(A),部分球蛋白(G),纤维蛋白原、凝血酶原、转铁蛋白等。其中清蛋白是血浆中含量最多的蛋白质,是维持血浆胶体渗透压的主要成分,当清蛋白低于 30g/L,血浆胶体渗透压降低,临床表现为水肿。肝功能严重受损时,清蛋白合成减少,而 γ- 球蛋白又因免疫刺激作用合成增加,可导致血清清蛋白 / 球蛋白比值(A/G)下降,甚至倒置,故临床上常将 A/G 倒置作为肝硬化的诊断指标之一。

肝是蛋白质分解的重要场所,肝细胞内有丰富的氨基酸分解代谢酶类,催化氨基酸进行转氨基、脱氨基、脱羧基等反应。例如转氨酶类的丙氨酸氨基转移酶(ALT)在肝细胞含量最高,当肝细胞受损时,细胞内 ALT 大量释放到血液中,使血清中 ALT 活性明显升高,故临床上常将 ALT 明显升高作为急性肝病的诊断指标之一。

肝还是合成尿素的重要器官,体内产生的氨在肝脏中经过鸟氨酸循环合成尿素,最终经过肾脏随尿液排出体外。当肝功能障碍时,尿素合成减少,血氨升高,导致高氨血症，严重时可引起肝性脑病。

肝功能异常与疾病

肝功能低下时，肝糖原代谢异常或肝糖异生功能低下，空腹时无法维持血糖浓度正常，大脑功能障碍，出现昏迷。与此同时，脂肪酸、酮体、胆固醇和胆固醇酯合成减少，当糖供应不足时，血中酮体减少，脑细胞能源不足，也可引起昏迷。肝功能低下时，血浆蛋白合成减少，血浆胶体渗透压降低，出现水肿、腹水；全血容量下降导致肾血流量减少，可引发肾前性氮质血症；血容量减少刺激垂体分泌抗利尿激素增加，肾小管重吸收增加，引起水钠潴留；参与凝血的纤维蛋白原等蛋白质合成减少，凝血酶原时间出现失代偿性延长。

四、肝在维生素代谢中的作用

肝在维生素的吸收、储存、转化等代谢中发挥着重要的作用。

肝细胞分泌的胆汁酸可促进脂溶性维生素的吸收；肝是维生素 A、E、K、B_{12} 的主要储存器官，慢性肝胆疾病时，会出现脂溶维生素消化不良，某些维生素缺乏；肝还是某些维生素代谢转化的场所，如在肝内 β- 胡萝卜素转化为维生素 A，维生素 D_3 转化为 25- 羟维生素 D_3，B 族维生素转变成其辅酶形式等。

五、肝在激素代谢中的作用

肝是多种激素灭活的重要器官。体内许多激素在发挥作用后主要在肝脏转化、分解或失去活性，这一过程称为激素的灭活，如醛固酮、雌激素、抗利尿激素、胰岛素等激素均在肝脏灭活。当肝功能障碍时，肝对这些激素的灭活能力减弱，使其血液中浓度升高，引起一系列病理现象。如醛固酮升高，会引起水钠潴留，出现水肿现象；雌激素升高，可出现男性乳房发育、蜘蛛痣、肝掌现象。

第二节 胆汁酸代谢

一、胆 汁

胆汁是肝细胞分泌的一种液体，储存于胆囊，经胆道系统排入十二指肠。正常人分泌 300~700ml/d。由肝细胞初分泌的胆汁称为肝胆汁，呈金黄色或橘黄色，清澈透明；肝胆汁进入胆囊后逐渐浓缩，颜色加深，呈棕绿色或暗褐色，称胆囊胆汁。两种胆汁的组成见表9-1。胆汁的主要特征性成分是胆汁酸盐。

表9-1　正常人两种胆汁的组成成分

	肝胆汁	胆囊胆汁
比重	1.009~1.013	1.026~1.032
pH	7.1~8.5	5.5~7.7
水 /%	96~97	80~86
固体成分 /%	3~4	14~20
胆汁酸盐 /%	0.5~2	1.5~10
黏蛋白 /%	0.1~0.9	1~4
胆色素 /%	0.05~0.17	0.2~1.5
总脂类 /%	0.1~0.5	1.8~4.7
胆固醇 /%	0.05~0.17	0.2~0.9
磷脂 /%	0.05~0.08	0.2~0.5
无机盐 /%	0.2~0.9	0.5~1.1

二、胆汁酸代谢与功能

（一）初级胆汁酸的生成

肝细胞以胆固醇为原料，经 7α- 羟化酶催化生成 7α- 羟胆固醇，再经过还原、羟化、氧化等多步反应，生成胆酸和鹅脱氧胆酸等初级游离型胆汁酸，再分别与甘氨酸和牛磺酸结合，生成甘氨胆酸、牛磺胆酸、甘氨鹅脱氧胆酸、牛磺鹅脱氧胆酸等初级结合型胆汁酸。胆汁中胆汁酸以结合型为主，甘氨胆汁酸与牛磺胆汁酸比例约为 3：1。初级胆汁酸以胆汁酸钠盐或钾盐形式随胆汁排入肠道。

 知识拓展

7α- 羟化酶的影响因素

7α- 羟化酶是胆固醇合成胆汁酸的关键酶，胆汁酸可反馈抑制该酶的活性，糖皮质激素、生长激素可提高该酶的活性；高胆固醇饮食在抑制 HMG-CoA 生成的同时，诱导 7α-

羟化酶的基因表达;甲状腺素可使7α-羟化酶合成增加,这是甲状腺功能亢进症患者血浆胆固醇含量降低的重要原因。

(二)次级胆汁酸的生成

排入肠道的初级结合型胆汁酸促进脂类消化吸收的同时,在小肠下段及大肠经肠道细菌的作用水解生成初级游离型胆汁酸,再发生 7α- 脱羟反应,生成脱氧胆酸和石胆酸等次级游离型胆汁酸,两者再分别与甘氨酸和牛磺酸结合,生成次级结合型胆汁酸。

(三)胆汁酸的肠肝循环

排入肠道的各种胆汁酸在发挥其乳化作用之后,极少部分随粪便排出体外,约有95% 以上被肠道主动或被动重吸收。重吸收后的胆汁酸,经门静脉重新回到肝脏;肝细胞将其中的游离型胆汁酸再转变为结合型胆汁酸,并同新合成的初级胆汁酸一起再排入小肠,形成胆汁酸的"肠肝循环"(图 9-1)。胆汁酸肠肝循环的生理意义在于使有限的胆汁酸反复利用,最大限度地发挥其乳化作用,以满足进食后脂类消化吸收的需要。机体每日可进行 6~12 次胆汁酸的肠肝循环。

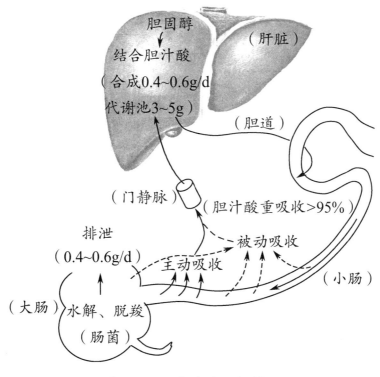

图 9-1　胆汁酸的肠肝循环

(四)胆汁酸的生理功能

1. 促进脂类的消化吸收　胆汁酸分子具有亲水与疏水两个侧面的结构特点,能降低油 / 水两相间的表面张力,使脂类在水中乳化成细小微团,增加了脂酶的附着面积,有利于脂类的消化吸收。

2. 促进胆汁中胆固醇溶解，抑制胆结石的形成　人体内 99% 胆固醇随胆汁经肠道排出体外，其中约 1/3 转化为胆汁酸形式，其余以原形排出。正常情况下，胆囊胆汁中胆固醇与胆汁酸盐和磷脂酰胆碱形成可溶性微粒，有利于排出体外。如果肝合成胆汁酸能力下降或排入胆汁中胆固醇过多造成胆汁酸盐和磷脂酰胆碱与胆固醇的比例下降（＜10：1），胆固醇易沉淀析出形成胆结石。

第三节　肝的生物转化作用

一、生物转化作用的概念及意义

非营养物质在体内代谢转变，增加其极性，使其易随胆汁或尿液排出的过程称为生物转化作用。肝是体内进行生物转化最重要的器官，肠、肺、肾也有少量生物转化功能。

人体内的非营养物质根据来源不同分为内源性和外源性两大类。内源性非营养物质包括体内产生的生物活性物质以及对人体有毒性物质，例如激素、神经递质，胆红素、氨等；外源性非营养物质较多，包括摄入体内的食品添加剂、色素、药物、环境污染物等，以及从肠道吸收的腐败产物如腐胺、酚、吲哚等。非营养物质既不是组织细胞的构成成分，又不能氧化供能，其中某些物质对人体还具有一定的生物学活性或毒性作用。

生物转化的生理意义主要在于使非营养物质的生物活性或毒性降低甚至消失，极性增强，溶解度增加，易随胆汁或尿液排出体外。但某些非营养物质经生物转化后，其毒性反而增加或溶解度降低；有些毒物、药物经生物转化后才出现毒性或药性，对机体造成伤害。

知识拓展

生物转化与指导临床合理用药

新生儿肝蛋白质合成功能不够完善，微粒体酶活性较成人低，对非营养物质代谢的能力较差，对某些药物敏感，易发生药物中毒。老年人器官老化，肝的生物转化能力下降，使药效增强，副作用增大，用药需慎重。肝细胞损伤时，微粒体中单加氧酶系尿苷二磷酸 - 葡糖醛酸基转移酶活性明显降低，加上肝血流量的减少，患者对许多药物及毒物的摄取、转化发生障碍，易积蓄中毒，故对肝病患者用药要特别慎重。某些药物在肝代谢的同时，对肝内的生物转化酶也存在诱导效应。因此，长期服用同种药物会出现细胞内生物转化酶含量增高，药物代谢加快，药效降低而导致耐药。又因这类酶的特异性差，如单加氧酶,对多种物质有氧化作用,导致由同一酶系催化的其他药物代谢也增强。如长期服用苯巴比妥会导致肝对氢化可的松、氯霉素等代谢的增强。

二、生物转化的反应类型

生物转化反应包括两相反应,氧化、还原、水解反应为第一相反应,结合反应为第二相反应。少数非营养物质经过第一相反应即可排出体外,但多数非营养物质经过第一相反应后,必须再进行第二相反应,才能排出体外。

(一)第一相反应——氧化、还原、水解反应

1. 氧化反应 是最常见的生物转化反应,由肝细胞内的各种氧化酶系催化完成,常见的氧化酶有单加氧酶系、胺氧化酶系、脱氢酶系等。

(1)单加氧酶系:存在肝细胞微粒体中,是体内最主要的氧化反应。单加氧酶系催化分子氧中的一个氧原子加入底物,另一个氧原子与 NADPH 脱下的氢结合成水。因反应的氧化产物是羟化物,所以又称羟化酶,其反应通式如下:

$$RH + O_2 + NADPH + H^+ \xrightarrow{\text{单加氧酶系}} ROH + NADP^+ + H_2O$$

底物   产物

(2)胺氧化酶系:存在于肝细胞的线粒体中,主要催化 5- 羟色胺、儿茶酚胺类、组胺及由肠吸收入肝的腐败物质如腐胺、酪胺等胺类氧化脱氨生成醛类化合物。其反应通式如下:

$$RCH_2NH_2 + O_2 + H_2O \xrightarrow{\text{胺氧化酶}} RCHO + NH_3 + H_2O_2$$

胺类   醛类

(3)脱氢酶系:主要存在于肝细胞微粒体和胞质中的醇及醛脱氢酶,其作用是催化醇或醛氧化为相应的醛和酸。其反应通式如下:

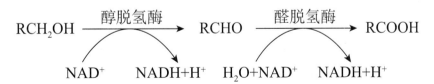

知识拓展

乙醇的代谢

乙醇主要在肝进行分解代谢。喝酒量大的人是因为肝内醇脱氢酶与醛脱氢酶的活性高,能迅速将乙醇氧化成乙酸,转化成水、二氧化碳和热量排出;喝酒脸红的人是因为

肝内醇脱氢酶活性高，能迅速将乙醇氧化成乙醛，而醛脱氢酶活性低，导致乙醛在体内堆积，进入血液循环，扩张血管造成的；喝酒易醉的人是因为体内这两种酶的活性都低，乙醇只能依靠肝脏慢慢分解，易造成肝脏受损。

2. 还原反应　　还原酶系存在于肝细胞的微粒体中，主要有硝基还原酶和偶氮还原酶，分别催化硝基化合物和偶氮化合物转变为相应的胺，反应由 NADPH 供氢。其反应如下：

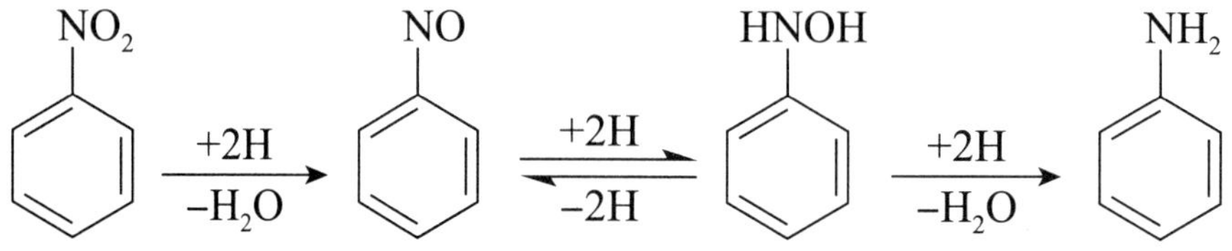

硝基苯　　　　　　亚硝基苯　　　　　　苯胲　　　　　　苯胺

3. 水解反应　　水解酶系存在于肝细胞微粒体与胞质中，如酯酶、酰胺酶、糖苷酶等可分别催化脂类、酰胺类、糖苷类化合物的水解，但水解产物往往还需要进一步转化才能排出。例如：阿司匹林（乙酰水杨酸）在酯酶催化下水解生成水杨酸和乙酸，使其极性增强并失去药效。其反应如下：

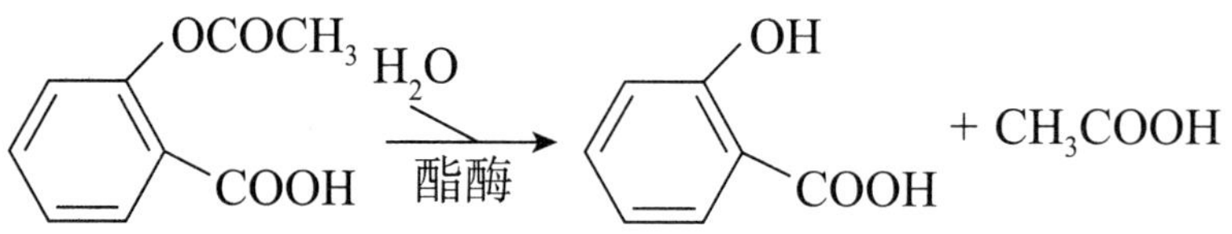

乙酰水杨酸　　　　　　　　水杨酸　　　　乙酸

（二）第二相反应——结合反应

结合反应是体内最重要的生物转化方式。体内某些非营养物质可与葡糖醛酸、活性硫酸、谷胱甘肽、甘氨酸等发生结合反应，或酰基化、甲基化反应。其中以葡糖醛酸的结合反应最为重要也最普遍。

1. 葡糖醛酸结合反应　　肝细胞微粒体含有 UDP- 葡糖醛酸基转移酶，它以尿苷二磷酸葡糖醛酸（UDPGA）作为葡糖醛酸的活性供体，催化含有醇、酚、胺及羧基等极性基团的化合物与之结合，使其极性增加易排出体外。胆红素、苯酚、类固醇激素、氯霉素、苯巴比妥、吗啡等代谢产物均在肝与葡糖醛酸结合，进而排出体外。

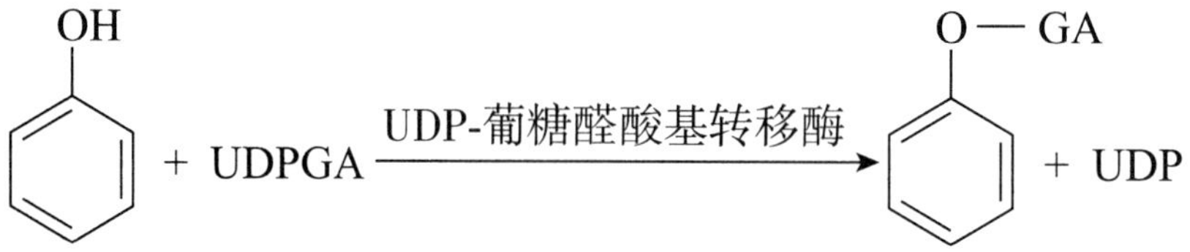

苯酚　　　　　　　　　　　　　　　　　　苯-β-葡糖醛酸苷

2. 硫酸结合反应 3′- 磷酸腺苷 -5′- 磷酰硫酸（PAPS）又称活性硫酸, 可在肝细胞胞质中的硫酸转移酶催化下, 提供活性硫酸基与类固醇、醇、酚、芳香胺类等结合生成硫酸酯。如雌酮与硫酸结合而灭活。

$$\text{雌酮} + \text{PAPS} \xrightarrow{\text{硫酸转移酶}} \text{雌酮硫酸} + \text{PAP}$$

3. 酰基化反应 乙酰 CoA 是乙酰基的供体。肝细胞胞质中含有乙酰基转移酶, 在其催化下, 乙酰基可与各种芳香胺、氨基酸等结合转化为乙酰化合物。如磺胺类药物、抗结核药物异烟肼就是与乙酰基结合而失去药理活性的。

$$\text{异烟肼} + CH_3CO\text{—}SCoA \xrightarrow{\text{乙酰基转移酶}} \text{乙酰异烟肼} + HSCoA$$

三、生物转化的特点

（一）反应过程的连续性和产物的多样性

体内只有少数非营养物质经过一步反应即可排出, 大多数非营养物质需要经过几步连续反应才能彻底排出体外。一般先进行第一相反应, 再进行第二相反应。如药物阿司匹林先水解生成水杨酸, 再氧化为羟基水杨酸, 最后与葡糖醛酸结合为葡糖醛酸苷后排出体外。

（二）解毒和致毒的双重性

非营养物质经过生物转化后, 一般其活性与毒性降低甚至消失; 但有的非营养物质通过代谢转化后活性反而增高, 出现毒性或毒性增强。如黄曲霉素 B_1 本身并无直接致癌作用, 但在体内代谢转变成活性中间产物后方显示出致癌作用。

 知识拓展

药物代谢与年龄有关

多数药物进入体内后在肝脏发挥其药理作用。新生儿肝中生物转化相关酶系发育不完善,对药物耐受性较弱,服用药物后,易导致中毒现象;老年人因肝脏功能退化,生物转化能力下降,使某些药物在血中浓度较高。因此小儿、老年人用药应注意剂量。当肝的生物转化能力下降时,某些药物可诱导某种转化酶的合成,从而使机体对某些药物的转化发生变化,例如苯巴比妥类催眠药产生耐药性。

第四节 胆色素代谢

 导入案例

患儿,男,出生5d,母乳喂养。出生后12h发现皮肤轻微黄染,逐渐加深遍布全身伴反应弱、拒奶,遂住院治疗。查体:患儿精神反应弱,少哭闹,全身皮肤重度黄染,巩膜黄染,手掌及足掌见黄染,无皮疹,无出血点,无水肿;腹软不胀,肝肋下1.5cm可扪及,脾未触及;大便黄软,小便橘黄色。实验室检查:总胆红素为336.0μmol/L,结合胆红素为5.0μmol/L,未结合胆红素为311.0μmol/L。肝炎全项结果阴性。诊断为:新生儿高胆红素血症。

请思考:1. 什么是高胆红素血症?

2. 患儿小便为何呈橘黄色?

3. 实验室检查各项指标的临床意义是什么?

胆色素是含铁卟啉的化合物在体内分解代谢的主要产物,包括胆绿素、胆红素、胆素原和胆素等。有一定颜色,随胆汁排出。胆红素是胆汁的主要色素,呈橙黄色,有毒性,其代谢异常可引起黄疸。

一、胆色素分解代谢过程

(一)胆红素的生成

胆红素主要来自衰老红细胞破坏所释放的血红蛋白。红细胞平均寿命是120d,衰老红细胞被肝、脾、骨髓单核-吞噬细胞系统识别破坏释放出血红蛋白,血红蛋白分解为珠蛋白和血红素,血红素在血红素加氧酶催化下生成胆绿素(深绿色),胆绿素在胆绿素还原酶催化下生成橙黄色的胆红素(图9-2)。该胆红素脂溶性极强,易透过细胞膜对细胞产生毒性作用。

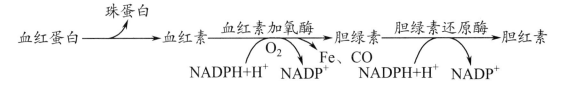

图9-2 胆红素的生成过程

（二）胆红素在血中的运输

胆红素难溶于水，进入血液后主要与清蛋白结合成胆红素-清蛋白复合物而运输。该复合物既增加了胆红素的水溶性，便于运输，又限制了胆红素进入细胞产生毒性作用，由于未经过肝的转化，故称为未结合胆红素。由于分子量大，不能被肾小球滤过，所以尿中无未结合胆红素。

正常情况下血浆中胆红素基本上与清蛋白结合，但某些有机阴离子如磺胺类药物、镇痛药等可竞争性与清蛋白结合，使胆红素从胆红素-清蛋白复合物中游离出来，通过血脑屏障，引起胆红素脑病。故新生儿黄疸时，应避免使用此类药物。

（三）胆红素在肝中的转变

未结合胆红素随血液循环运输到肝后，在肝细胞表面胆红素与清蛋白分离，胆红素被肝摄取而进入肝细胞内。肝细胞内有两种转运胆红素的配体蛋白：Y 蛋白和 Z 蛋白，它们对胆红素有很高的亲和力，可与胆红素结合并将其转移至内质网。在葡糖醛酸基转移酶催化下，胆红素与 UDPGA 提供的葡糖醛酸结合，转化成胆红素-葡糖醛酸酯，称为结合胆红素（肝胆红素）。结合胆红素是极性较强的水溶性物质，不易透过生物膜，因而毒性降低。这种转化既有利于其随胆汁排泄，又起到解毒作用。结合胆红素也可被肾小球滤过，出现在尿液中。

 知识拓展

苯巴比妥治疗新生儿生理性黄疸

新生儿生理性黄疸是由于红细胞过多破坏，形成大量胆红素，并且新生儿肝功能还不健全，不能将胆红素很快转化，使血液中胆红素高于正常所致的黄疸。苯巴比妥可诱导 Y 蛋白的合成，加强胆红素的转化，降低血液中胆红素的浓度，使黄疸消退。由于新生儿出生七周后，Y 蛋白的水平才接近成人，因此，临床上可应用苯巴比妥消除新生儿生理性黄疸。对于新生儿黄疸应先查明病因。如果属于阻塞性黄疸，就不能使用这种药物治疗。

（四）胆红素在肠道的转变及胆素原的肝肠循环

结合胆红素在肝中生成后，经胆道系统随胆汁分泌到肠道，在肠道细菌的作用下，先脱去葡糖醛酸，再被还原为无色的胆素原（包括中胆素原、粪胆素原和尿胆素原）。这些胆素原大部分在肠道的下段与空气接触后，被氧化为黄褐色的粪胆素及尿胆素，随粪便排出，这是粪便颜色的主要来源。另有 10%~20% 的胆素原可被肠黏膜细胞重吸收入血，经门静脉入肝。其中大部分再跟肝细胞新合成的结合胆红素一起随胆汁排入肠道，形成胆素原的肠肝循环。少量胆素原从肝进入体循环，经肾随尿排出。接触空气后被氧化成尿胆素,这是正常人尿液颜色的主要来源。

胆红素的代谢概况见图9-3。

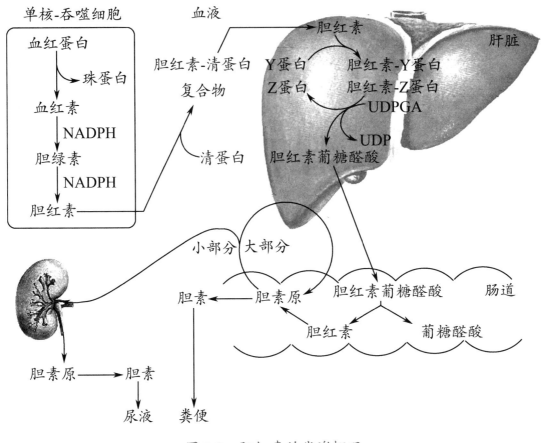

图9-3　胆红素的代谢概况

二、血清胆红素与黄疸

正常人血清中的胆红素含量甚微,参考范围为 3.4~17.1μmol/L,其中 4/5 是未结合胆红素,其余为结合胆红素。未结合胆红素由于分子内氢键的形成,不能与重氮试剂发生反应,需要加入加速剂,氢键断裂后,才能与重氮试剂反应生成紫红色的偶氮化合物,因此未结合胆红素也称为间接胆红素。而结合胆红素不存在分子内氢键,可直接与重氮试剂反应生成紫红色的偶氮化合物。两种胆红素比较见表9-2。

表9-2　未结合胆红素与结合胆红素比较

特点	未结合胆红素	结合胆红素
常用名	血胆红素、间接胆红素 游离胆红素	肝胆红素、直接胆红素
结构特性	胆红素 - 清蛋白复合物	胆红素 - 葡糖醛酸酯

152

特点	未结合胆红素	结合胆红素
溶解性	脂溶性	水溶性
透过细胞膜的能力	大	小
尿中排泄	无	有

凡能引起体内胆红素生成过多，或肝细胞对胆红素摄取、转化、排泄过程发生障碍均可引起血清胆红素浓度的升高，称高胆红素血症。胆红素为橙黄色物质，大量进入组织，可造成巩膜、皮肤、黏膜等部位黄染，这一体征称为黄疸。当血清胆红素浓度高于正常，但不超过 34.2μmol/L 时，肉眼看不到巩膜和皮肤黄染现象，称为隐性黄疸。当血清胆红素超过 34.2μmol/L 时，肉眼看得到黏膜、巩膜和皮肤等组织黄染，称为显性黄疸。

临床根据发病机制，将黄疸分为三种类型：

（一）溶血性黄疸（又称肝前性黄疸）

由于各种原因造成的红细胞破坏过多（如恶性疟疾、过敏、输血不当、蚕豆病等），超过肝细胞的摄取、转化和排泄能力，导致血液中的未结合胆红素升高而引起的黄疸。

临床检验特点：血清总胆红素升高，未结合胆红素明显升高，结合胆红素变化不大，尿胆红素阴性。由于肝细胞最大限度地摄取、转化和排泄未结合胆红素，肠道吸收的胆素原增多，排出的胆素原和胆素增加，粪便和尿液颜色均加深。

（二）肝细胞性黄疸（又称肝源性黄疸）

由于肝细胞受损（如肝炎、肝硬化、肝癌等），使肝细胞摄取、转化和排泄胆红素的能力下降，造成血液中胆红素升高而引起的黄疸。一方面，由于肝细胞摄取、转化胆红素的能力下降，引起血液中未结合胆红素升高；另一方面，肝细胞病变导致生成的结合胆红素不能顺利排入胆道而反流入血，导致血液中结合胆红素升高。

临床检验特点：血清总胆红素升高，未结合胆红素、结合胆红素均升高，尿胆红素阳性。由于结合胆红素在肝内生成及排泄减少，粪便颜色变浅，尿中胆素原变化不定。

（三）阻塞性黄疸（又称肝后性黄疸）

由于胆管阻塞（如结石、胆管炎症、肿瘤或先天性胆管闭锁等），胆汁排泄障碍，肝内生成的结合胆红素不能随胆汁通过胆道排出，反流入血，造成结合胆红素升高引起的黄疸。

临床检验特点：血清总胆红素升高，结合胆红素明显升高，未结合胆红素变化不大，尿胆红素阳性。由于排入肠道的胆红素减少，肠道内胆素原和胆素生成减少或消失，粪便颜色变浅或呈白陶土色；尿液颜色也变浅。

三种类型黄疸的血、尿、便的比较（表9-3）。

表9-3　三种类型黄疸的血、尿、便的比较

检验指标	正常	溶血性黄疸	肝细胞性黄疸	阻塞性黄疸
血清总胆红素	<17.1μmol/L	>17.1μmol/L	>17.1μmol/L	>17.1μmol/L
未结合胆红素	<13.0μmol/L	↑↑	↑	
结合胆红素	0~3.4μmol/L		↑	↑↑
尿三胆				
尿胆红素	–	–	+或++	++
尿胆素原	少量	↑	不一定	↓
尿胆素	少量	↑	不一定	↓
粪便颜色	正常	加深	变浅或正常	变浅或陶土色

注："–"代表阴性，"++"代表强阳性。

第五节　常用肝功能试验及临床意义

肝功能试验是临床生化检验中重要内容之一，了解肝的功能状态，对疾病的诊断、治疗及预后判断具有重要的意义。肝功能试验项目是根据肝脏的代谢功能而设计的，只能反映肝功能的某一个方面，具有一定的局限性，在对肝功能试验的检验结果进行评价时，必须结合患者病史与临床表现综合分析，才能发挥其应有的价值。

一、血浆蛋白质类检验

1. 血浆总蛋白（TP）、清蛋白（ALB）、球蛋白（GLB）及 A/G 比值测定　正常成人血浆 TP：60~80g/L，ALB：35~55g/L，GLB：20~30g/L，A/G：1.5~2.5。急性肝炎时，由于肝脏的代偿能力强，血浆蛋白质变化并不明显；慢性肝病或肝硬化时，由于肝脏合成蛋白质的能力下降，使血浆清蛋白含量下降，球蛋白相对增加（γ-球蛋白），A/G 比值下降甚至倒置，表明肝功能损伤严重。

2. 甲胎蛋白（AFP）测定　AFP 是胎儿血清中的主要蛋白质，出生一年内降至成人水平。成人血清 AFP 含量极少为 5~20μg/L，由肝产生。血清 AFP 测定主要用于原发性肝

癌的诊断,约80%以上的肝癌患者血清AFP升高。

二、血清酶类检验

肝功能损伤时,肝细胞内酶大量释放入血,使血清中相关酶活性升高。如丙氨酸氨基转移酶(ALT)、天冬氨酸氨基转移酶(AST)、碱性磷酸酶(ALP)、γ-谷氨酰转肽酶(GGT)、单胺氧化酶(MAO)等。

1. 丙氨酸氨基转移酶测定　ALT是体内最重要的氨基转移酶,分布广泛,其中肝细胞中含量最多。血清ALT正常参考范围为5~40U/L。急性肝炎时,大量ALT从细胞内释放到血液中,使血清中ALT活性明显升高,是反映肝细胞损伤的灵敏指标。

2. 天冬氨酸氨基转移酶测定　AST也是体内重要的氨基转移酶,主要分布在心肌细胞,其次是肝细胞。血清AST正常参考范围为5~40U/L。急性心肌梗死时,血清AST活性升高;急性肝病时,AST随ALT升高而升高,ALT升高>AST升高;慢性肝病时,AST升高>ALT升高。也是反映肝细胞损伤的指标之一。

3. 碱性磷酸酶测定　ALP主要来自骨骼和肝细胞,随胆汁排泄,主要用于肝胆疾病与骨骼疾病的诊断。肝胆疾病引起胆道梗阻时,由于胆汁淤积反流入血,血清中ALP活性升高;骨骼疾病时骨骼细胞内ALP释放入血,血清ALP活性升高。

4. γ-谷氨酰转肽酶测定　血清中GGT主要用于肝胆疾病的诊断,胆道淤积可诱导GGT的合成,血清GGT活性升高;原发性肝癌时,血清中GGT活性明显升高。

三、胆色素检验

血清胆红素测定包括血清总胆红素(TBIL)、结合胆红素(DBIL)、未结合胆红素(IBIL),主要用于黄疸诊断与黄疸类型的鉴别,也可反映肝细胞损伤程度。测定尿中胆红素、胆素原、胆素,可反映肝排泄胆红素的能力,协助黄疸类型的鉴别,临床上称为"尿三胆"测定。

四、血清胆汁酸的测定

胆汁酸是肝代谢的重要产物。血清总胆汁酸是肝分泌到胆汁中最多的有机酸。一旦肝细胞发生病变,总胆汁酸极易升高。因此,总胆汁酸已被认为是肝实质性损伤的灵敏指标。急性肝炎、慢性活动性肝炎、肝硬化时,总胆汁酸的阳性率在85%~100%;而慢性迁延性肝病时,丙氨酸氨基转移酶变化不明显,但总胆汁酸的阳性率高达85.4%,明显高于其他指标的阳性率;在肝硬化后期,总胆汁酸改变明显,比丙氨酸氨基转移酶更敏感地反映患者病情,因此,总胆汁酸又可作为反映肝细胞慢性损害的指标之一。

肝的组织形态结构和化学组成特点,决定了肝是机体的物质代谢中枢。

胆汁酸是肝清除胆固醇的主要途径。胆固醇在肝内被转化为初级胆汁酸,有游离型与结合型之分,初级胆汁酸在肠道细菌作用下生成次级游离胆汁酸,再经胆汁酸的肠肝循环生成次级结合胆汁酸。胆汁酸的肠肝循环可使有限的胆汁酸反复利用以满足脂类消化吸收的需要。

肝的生物转化反应有氧化反应、还原反应、水解反应和结合反应,以结合反应最重要,主要与葡糖醛酸、硫酸基、乙酰基结合。其生理意义主要是使非营养物质的生物活性或毒性降低甚至消失,极性增强,溶解度增加,易随胆汁或尿液排出体外。

胆色素是铁卟啉化合物在体内分解代谢的产物,最主要的是胆红素。胆红素在血液中与清蛋白结合形成未结合胆红素而运输并暂时解毒,在肝细胞内与葡萄糖醛酸结合转化成结合胆红素而彻底解毒,经胆道系统排入肠道,被还原成胆素原后大部分随粪便排出,小部分再被肠黏膜重吸收进入肝,形成胆素原的肠肝循环。

各种原因造成血浆胆红素浓度升高均可引起黄疸,临床上黄疸根据发病原因分为溶血性黄疸、阻塞性黄疸和肝细胞性黄疸,具有不同的临床表现和检验指标改变。

能根据肝的生化功能,设计常用的肝功能试验项目,可协助肝病的诊断、治疗及预后判断。

(王钦玲)

思考与练习

一、名词解释
1. 生物转化　　2. 黄疸

二、填空题
1. 肝在维持血糖浓度的相对恒定时主要是通过_____、_____。
2. 黄疸根据病因的不同可分为_____、_____、_____。
3. 肝生物转化的反应类型有_____、_____、_____、_____。
4. 胆汁的主要有效成分是_____,胆汁酸肠肝循环的生理意义_____。
5. 肝合成的脂蛋白有_____、_____。

三、简答题

1. 通过肝生物转化的学习,结合日常生活请举例说明我们该如何保护自己的肝脏。

2. 简述三种黄疸的血、尿、便改变。

3. 临床上常见肝功能试验项目有哪些?

第十章 ｜ 水和无机盐代谢

10章 数字内容

水和无机盐是人体必需的营养物质，也是构成体液的主要成分。体液由体内的水分以及溶解于水中的无机盐、有机物组成。水和无机盐代谢又称水、电解质平衡，是维持细胞正常代谢、保证各器官生理功能与生命活动所必需的条件。

第一节 体 液

一、体液的分布与组成

正常成年人体液总量约为体重的60%，其中分布于细胞内的体液称为细胞内液，约占体重的40%；分布于细胞外的体液称为细胞外液，约占体重的20%。血浆和细胞间液共同构成细胞外液，其中血浆约占体重的5%，细胞间液约占体重的15%。

体液的总量和分布受年龄、性别和胖瘦等因素影响。年龄越小，体液占体重的百分比越大；成年男性体液量多于同体重女性；肥胖者比同体重均衡体型者体液总量低。

婴幼儿体内水的分布

由于婴幼儿体内含水量较多,每日对水的需要量高,以每千克体重计算,可比成人高2~4倍,同时,婴幼儿每千克体重的体表面积比成年人大,水通过皮肤蒸发快,而调节水平衡的能力又差,因此,婴幼儿易发生水和电解质平衡紊乱。

二、体液的交换

体液之间不断地进行着水、电解质和小分子有机物的交换,以保证营养物质和代谢产物的相互沟通,使内环境保持相对稳定。

(一)血浆与细胞间液之间的交换

血浆与细胞间液之间进行物质交换的屏障是毛细血管壁。毛细血管壁是一种半透膜,葡萄糖、氨基酸等小分子物质可以自由通过,而蛋白质等大分子物质则不能自由通过。

(二)细胞间液与细胞内液之间的交换

细胞内液与细胞外液之间进行物质交换的屏障是细胞膜,细胞膜也是半透膜,对物质的透过有较为严格的限制。当细胞内、外液之间出现渗透压差时,主要依靠水的转移维持细胞内外的渗透压平衡。

(三)消化液与血浆之间的交换

消化液与血浆之间的交换在消化道进行。正常成年人每日分泌约 8 200ml 消化液,绝大部分在消化道重吸收,每日随粪便排出体外的大约只有 150ml。消化液大量丢失,如严重呕吐或腹泻等,可导致脱水、酸碱平衡紊乱及电解质失衡。

第二节　水　代　谢

一、水的生理功能

水是人体中含量最多的成分,体内水一部分与蛋白质、多糖等物质相结合,以结合水的形式存在;另一部分以自由状态存在于机体内,称为自由水。

1. 调节体温　水的比热、蒸发焓大,能吸收或者释放较多的热量而本身温度升高或者降低不多;水的流动性大,可经各部分体液交换和循环,将代谢产生的热量运输到体表散发,维持体温恒定。

2. 运输并参与物质代谢　大多数营养物质和代谢废物都能较好地溶解于水中进行

运输。水分子还直接参与许多化学反应,如水解、水化、加水脱氢等。

3. 润滑作用　水作为润滑剂可以起到湿润和减少摩擦的作用。如唾液有利于食物吞咽;泪液有利于眼球活动。

4. 维持组织器官的正常形态、硬度和弹性　不同组织器官含水量不同,水在其中的存在形式也不同,使各种组织器官具有不同的形态、硬度和弹性。

二、水的摄入和排出

正常成人每日水的摄入和排出处于动态平衡状态。正常成人每日需水量约为2 500ml。

(一)水的来源

体内水的来源主要有以下三个方面:

1. 饮水　饮水量因个人习惯、气候条件、劳动强度和生理情况而有所差异。成人每日饮水约1 200ml。

2. 食物　成人每日随食物摄入的水量约为1 000ml。

3. 代谢水　糖、脂肪、蛋白质等营养物质在体内彻底氧化分解时生成的水称为代谢水,又称为内生水,其生成量比较恒定,每日约为300ml。若大量机体组织被破坏,可使体内迅速产生大量内生水。

(二)水的去路

正常成人每日排出的水量约为2 500ml,体内水的排出途径主要有以下四个方面:

1. 肾排出　肾是人体排水的主要器官。正常成人每日排出尿量约为1 500ml,受饮食、生活环境、活动情况等因素影响。正常成人每日产生的代谢固体终产物35~40g,每1g需要15ml尿液才能排出。故正常成人每日的最低尿量不应低于500ml,称为最低尿量,少于400ml称为少尿。

2. 呼吸蒸发　正常成人每日通过呼吸排出的水分约350ml。

3. 皮肤蒸发　皮肤蒸发分为两种方式,一种是非显性排汗,正常成人每日通过此方式排出的水约500ml,非显性排汗中电解质含量微小,可将其视为蒸馏水;另一种是显性排汗,为汗腺分泌的汗液,其多少与环境温度、劳动强度等因素有关。

 知识拓展

汗液的成分

汗液是一种低渗溶液,其中[Na^+]为40~80mmol/L,[Cl^-]为35~70mmol/L,[K^+]为

3~5mmol/L。故高温作业或强体力劳动大量出汗后，除失水外，也有 Na^+、Cl^-、K^+ 等电解质的丢失，此时，在补充水分的基础上还应注意电解质的补充。

4. 粪便排出　正常成人每日随粪便排出的水量约为150ml。

正常成人每日水的摄入与排出各为 2 500ml，基本保持水的进出量大致相等，这是正常生理状态下的水平衡，故将此量称为生理需水量（表 10-1）。

表 10-1　正常成人每日水的平均出入量　　　　　　　　　　　　　　　单位：ml

水的摄入途径	摄入量	水的排出途径	排出量
饮水	1 200	肾排出	1 500
食物	1 000	皮肤蒸发	500
代谢水	300	呼吸蒸发	350
		粪便排出	150
总计	2 500	总计	2 500

如上所述，在不能进水时，人体每日仍由皮肤、肺、消化道和肾丢失水分 1 500ml，除机体自身产生的 300ml 代谢水外，正常成人每日最低应补充水分约 1 200ml，称为最低需水量。临床上，对于不能进食的患者，应每日补给 1 200~2 000ml 水量以维持水的平衡。如患者有额外水分丢失，则给水量应酌情增加。

第三节　无机盐代谢

无机盐在人体的总量占体重的 4%~5%，除大部分构成骨盐外，小部分存在于体液中，对维持机体正常活动十分重要。

一、无机盐的生理功能

（一）维持体液的渗透压和酸碱平衡

无机盐对维持体液的渗透压起着重要作用，Na^+、Cl^- 是维持细胞外液渗透压的主要离子；K^+、HPO_4^{2-} 是维持细胞内液渗透压的主要离子。这些离子也是构成血浆和细胞内缓冲对的重要组成成分，可调节体液的酸碱平衡。

（二）维持神经、肌肉的兴奋性

神经、肌肉的应激性与体液中部分电解质的浓度和比例密切相关。无机离子对神经、肌肉兴奋性的影响如下式所示：

$$神经肌肉应激性 \propto \frac{[Na^+]+[K^+]+[OH^-]}{[Ca^{2+}]+[Mg^{2+}]+[H^+]}$$

从上式看出，Na^+、K^+可增强神经、肌肉的兴奋性，Ca^{2+}、Mg^{2+}会降低神经、肌肉的兴奋性。Na^+、K^+浓度升高时，可增强神经、肌肉的兴奋性；Na^+、K^+浓度降低时，神经、肌肉接头的兴奋性降低，表现为肌肉无力，甚至肌肉麻痹。而Ca^{2+}、Mg^{2+}浓度降低时，神经、肌肉兴奋性增强，可出现手足抽搐，严重者可发生惊厥。

无机离子对心肌兴奋性的影响如下式所示：

$$心肌细胞应激性 \propto \frac{[Na^+]+[Ca^{2+}]+[OH^-]}{[K^+]+[Mg^{2+}]+[H^+]}$$

从上式看出，K^+对心肌有抑制作用，K^+浓度升高，心跳慢、弱而不规则，严重时心跳可停止在舒张期。K^+浓度降低时，心肌兴奋性增强，可引起心律失常，心跳常停顿于收缩期。而Na^+、Ca^{2+}作用与K^+相拮抗，因此，临床上高钾血症所致的心肌兴奋性降低可用提高细胞外液Ca^{2+}浓度来拮抗。

（三）维持机体细胞正常新陈代谢

部分无机离子是酶的辅因子或是辅因子的组成成分。如各种ATP酶需要一定浓度的Na^+、K^+、Mg^{2+}和Ca^{2+}的存在才表现活性；唾液淀粉酶的激活剂是Cl^-，细胞色素氧化酶发挥作用需要Fe^{2+}和Cu^{2+}存在。

无机盐在机体代谢及调控中起着重要作用，如Na^+参与小肠对葡萄糖的吸收，K^+参与糖原和蛋白质的合成，Ca^{2+}还参与血液的凝固过程等。

（四）构成骨骼、牙齿及其他组织

体内的所有细胞、组织、器官均含电解质，骨骼和牙齿中的主要成分是钙和磷。

二、体液的电解质含量及分布

体液中的溶质如无机盐、蛋白质和有机酸等常以离子状态存在，故称电解质。电解质在细胞内、外液含量的特点：

1. 体液各部分呈"电中性"　细胞内外液所含阴离子与阳离子的摩尔电荷总量相等，体液呈电中性。

2. 细胞内、外液电解质分布有差异　细胞外液的阳离子以Na^+为主，阴离子以Cl^-和HCO_3^-为主；细胞内液的阳离子以K^+为主，阴离子以HPO_4^{2-}和蛋白质阴离子为主。这种差异的存在和维持，是细胞完成基本生命活动所必需的。

3. 细胞内、外液的电解质总量不等，以细胞内液为多。由于细胞内液含有二价离子和蛋白质阴离子较多，其产生的渗透压相对一价离子为小，因此细胞内、外液的渗透压基本相等。

4. 血浆蛋白质含量高于细胞间液　在细胞外液中，血浆与细胞间液两者的电解质组成及含量比较接近，而血浆中的蛋白质明显高于细胞间液，故血浆胶体渗透压高于细胞间液胶体渗透压。这一点对维持血容量和血浆与细胞之间水交换有重要作用。

体液中主要的电解质含量见表10-2。

表 10-2　体液中电解质含量　　　　　单位：mmol/L

电解质	血浆		细胞间液		细胞内液（肌肉）	
	离子	电荷	离子	电荷	离子	电荷
正离子						
Na^+	145	145	139	139	10	10
K^+	4.5	4.5	4	4	158	158
Ca^{2+}	2.5	5	2	4	3	6
Mg^{2+}	0.8	1.6	0.5	1	15.5	31
合计	152.8	156	145.5	148	186.5	205
负离子						
Cl^-	103	103	112	112	1	1
HCO_3^-	27	27	25	25	10	10
HPO_4^{2-}	1	2	1	2	12	24
SO_4^{2-}	0.5	1	0.5	1	9.5	19
蛋白质	2.25	18	0.25	2	8.1	65
有机酸	5	5	6	6	16	16
有机磷酸	—		—		23.3	70
合计	148.75	156	144.75	148	79.9	205

三、钠、氯、钾的代谢

（一）含量与分布

正常人体内的钠含量约为 1g/kg 体重，45％分布于细胞外液，45％结合于骨骼的基质，其余 10％存在于细胞内液。血清钠浓度为 135~145mmol/L。氯主要分布于细胞外液中，血清氯浓度为 98~106mmol/L。

正常成人体内的钾含量为 1.2~2.2g/kg 体重，其中 98％存在细胞内液中，细胞外液仅占 2％左右。细胞内液中钾浓度为 150mmol/L 左右，而血清中钾浓度仅为 3.5~5.5mmol/L。

钾离子在细胞内外液中的分布可因某些生理因素而发生改变。如蛋白质、糖原合成时，K^+由细胞外进入细胞内，引起血钾浓度降低；反之，蛋白质、糖原分解时，引起血钾浓度升高。另外，机体发生酸中毒时，引起高钾血症。反之，碱中毒时则引起低钾血症。

（二）吸收与排泄

1. 吸收　人体摄入钠和氯主要来自食盐（NaCl），成人每日NaCl需要量为4.5~9g，大部分在小肠吸收，因饮食习惯不同，个体摄入量差异较大。

正常成人每日约需钾2.5g，大部分来源于食物，食物中的钾约90%在消化道被吸收。

2. 排泄　Na^+和Cl^-主要由肾随尿排出，肾脏排钠的特点是"多吃多排，少吃少排，不吃不排"，而体内氯随钠排出，因此一般情况下，机体不会出现钠和氯的缺乏。

钾主要经肾脏随尿进行排泄，少量由肠道排出（结肠具有排钾功能），肾脏排钾的特点是"多吃多排，少吃少排，不吃也排"，所以对不能进食者常常出现缺钾的现象，应注意及时补钾。

四、钙、磷的代谢

（一）钙和磷的含量和分布

钙、磷是人体内含量最多的无机盐，正常成人体内钙总量为700~1 400g，磷总量为400~800g。人体内99%以上的钙和86%以上的磷分布于骨骼和牙齿中，其余部分存在于体液和软组织中。

（二）钙和磷的生理功能

1. 参与构成骨骼和牙齿　钙、磷在体内的主要功能是构成骨盐，以羟磷灰石[$Ca_{10}(PO_4)_6(OH)_2$]结晶的形式结合在胶原纤维上，形成具有一定硬度的骨骼。

2. 钙的生理功能　①降低神经肌肉的兴奋性；②降低细胞膜和毛细血管壁的通透性；③作为细胞膜受体型激素的第二信使；④作为某些酶的辅因子；⑤增强心肌收缩力；⑥参与凝血过程。

3. 磷的生理功能　磷除参与构成骨盐外，主要以磷酸根的形式在体内发挥多种生理作用：①是体内许多重要化合物的组成成分；②参与糖、脂类、蛋白质和核酸等物质的代谢和能量代谢；③参与物质代谢的调节；④参与体内酸碱平衡调节。

（三）钙磷的吸收与排泄

1. 钙的吸收和排泄　成人每日需钙量为0.6~1.0g，主要从食物中摄取，主要在十二指肠和空肠上段吸收，影响钙吸收的因素主要有：①食物中的草酸盐、碱性磷酸盐、植酸盐可与钙形成不溶性磷酸钙复合物，不利于钙的吸收；②活性维生素 D 是影响钙吸收的主要因素；③食物中的钙磷比例为 2 : 1 时更有利于钙的吸收；④钙的吸收随年龄的增长而下降。平均每增长 10 岁，吸收率下降 5%~10%，这也是造成老年人骨质疏松的原因之一。

正常成人每日排出的钙中约80%由肠道排出，20%由肾排出。正常成人钙的摄入量与排出量相等,保持动态平衡。

2. 磷的吸收和排泄　主要在小肠上段被吸收,且主要经肾脏代谢排出。

（四）血钙和血磷

血钙是指血浆或血清中的钙,正常成人血钙含量为 2.25~2.75mmol/L(90~110mg/L),约一半是游离 Ca^{2+};另一半主要与清蛋白结合,小部分与小分子有机物(如柠檬酸)结合,后两者统称为结合钙。发挥生理作用的主要是游离钙,游离钙与结合钙在血浆中呈动态平衡状态,当血浆 pH 偏低时,结合钙解离,游离钙增多;反之游离钙减少,神经肌肉兴奋性增高。故碱中毒患者常出现手足抽搐。

正常人血液中钙和磷的浓度相当恒定,每 100ml 血浆中钙与磷含量之积为一常数,即 [Ca]×[P]=35~40。当乘积大于 40 时,钙磷以骨盐的形式沉积于骨组织中;若小于 35 时,则发生骨盐溶解,甚至发展成佝偻病或软骨症。

（五）钙、磷代谢的调节

调节钙和磷代谢的主要激素有活性维生素 D、甲状旁腺激素和降钙素。主要调节靶器官有小肠、肾和骨。通过调节使血浆中钙磷浓度和两者的比例保持相对稳定。

1. 1,25- 二羟维生素 D_3　1,25- 二羟维生素 D_3 可以促进钙结合蛋白的生成增加,促进小肠对钙的吸收,同时磷的吸收也随之增加,总体作用使钙磷升高。

2. 甲状旁腺激素　甲状旁腺激素(PTH)的主要作用靶器官是骨和肾,促进肾小管对钙的重吸收,抑制对磷的重吸收,总体作用是使血钙升高。

3. 降钙素　降钙素(CT)的作用靶器官为骨和肾,是唯一降低血钙浓度的激素。CT 通过激活成骨细胞、抑制破骨细胞促进成骨作用,从而降低血钙与血磷含量,还抑制肾小管对钙、磷的重吸收,总体作用是使血钙与血磷降低。

血钙与血磷通过 1,25-(OH)$_2$-D$_3$、PTH 和 CT 对小肠、骨、肾组织的协同作用维持其浓度正常的动态平衡,若任何靶器官或调节激素出现异常,均可使血钙、血磷浓度升高或降低,导致钙磷代谢紊乱。

五、镁 代 谢

镁在体内的含量仅次于钙、钾、钠,居第四位,与许多生理功能密切相关。

（一）含量与分布

正常成人体内镁含量为 20~28g,约 54% 存在于骨、牙中,46% 存在于细胞内,细胞外液镁不超过总量的 1%。正常人血镁浓度为 0.75~1.02mmol/L。

（二）吸收与排泄

人体每日镁的需要量为 0.2~0.4g,主要从绿色蔬菜中获得。镁的吸收主要在小肠。高蛋白饮食能增加镁的吸收,膳食中钙、磷酸盐及脂肪含量高时,镁的吸收减少。

镁主要随粪便排出,其次随尿液排出,还有少量随汗液及脱落的皮肤细胞排出。

（三）生理功能

1. 是许多酶系的辅因子或激活剂，广泛参与体内各种物质代谢。
2. 对神经系统和心肌的作用十分重要，对中枢神经系统和神经肌肉接头起抑制作用。
3. 镁作用于外周血管可引起血管扩张，产生降低血压作用。
4. 镁是骨结构和功能所必需的元素，在维持骨骼的代谢中有重要作用。

此外，镁的弱碱盐可用于治疗胃酸过多引起的消化性溃疡。

第四节　水与无机盐平衡的调节

 导入案例

患者，女性，45 岁，患 1 型糖尿病 9 年，因神志不清入院，3d 前因食用变质食品出现呕吐、腹泻，未进食已 3d，实验室检查：血钾 6.2mmol/L、血钠 129mmol/L。

请思考：1. 为什么糖尿病患者会出现"三多一少"（多饮、多食、多尿和消瘦）的症状？

　　　　2. 为什么糖尿病患者在呕吐、腹泻、未进食的情况下会出现高钾血症和低钠血症？

机体水和无机盐的平衡在神经系统和激素的调节下，主要通过肾脏实现。参与调节的激素主要是抗利尿激素和醛固酮。

一、神经系统的调节

神经系统对水和电解质平衡的调节主要通过调节摄水量实现。中枢神经系统通过感受体液渗透压的变化，直接影响水的摄入。当机体缺水或体液渗透压升高时，通过神经反射兴奋口渴中枢，引起摄水量增加，以补充水分，降低体液渗透压；反之，则中枢抑制，摄水量减少。

二、抗利尿激素的调节

抗利尿激素（ADH），又称升压素。它可增强肾小管对水的重吸收能力，使尿量减少。当机体因大量出汗、严重呕吐或腹泻引起血浆渗透压升高、血容量减少或血压下降时，抗利尿激素释放增加，刺激肾小管对水的重吸收增加、尿量减少，使血浆渗透压恢复正常；反之则 ADH 释放减少，对水的重吸收作用减弱，大量水分通过肾小管排出，使血浆渗透压恢复正常。

三、醛固酮的调节

醛固酮是肾上腺皮质球状带分泌的一种类固醇激素，它的作用是促进肾远曲小管和集合小管重吸收 Na^+、分泌排出 K^+ 和 H^+，同时伴有 Cl^- 和 H_2O 的重吸收，使尿量减少。醛固酮的分泌受肾素 - 血管紧张素 - 醛固酮系统影响，当血容量下降、血压下降，有效循环血量下降，肾血流量减少时，促使醛固酮分泌增加，加强肾小管对水钠的重吸收，使血容量与血压得以恢复。当机体内血钠降低、血钾升高或血浆 $[Na^+]/[K^+]$ 减小时，醛固酮分泌增加，促进肾小管保钠排钾，使机体电解质浓度恢复正常。

第五节　微量元素代谢

组成人体的元素有几十种，其中占人体总重量万分之一以下，日需要量小于 100mg 的称为微量元素。目前，公认的人体必需微量元素有铁、锌、碘、铜、硒、钴、锰、铬、氟、镍、钼、硅、锡等，含量上极其微小，但生理学功能很重要。

一、铁

1. 代谢概况　成人体内含铁量为 3~5g，儿童、成年男子和绝经期妇女每日需要量为 0.5~1mg，月经期妇女每日需要量为 1.5~2mg，孕妇每日需要量为 2.0~2.5mg。

铁的吸收部位主要在十二指肠及空肠上段。Fe^{2+} 比 Fe^{3+} 易吸收，胃酸、维生素 C、谷胱甘肽可将 Fe^{3+} 还原成 Fe^{2+}，促进铁的吸收；氨基酸、柠檬酸、苹果酸等能与铁离子形成络合物，有利于铁的吸收。

2. 生理作用　①合成血红蛋白、肌红蛋白；②构成人体必需的酶，如过氧化物酶；③参与体内能量代谢。

3. 代谢异常　缺铁性贫血，即小细胞低血色性贫血是铁缺乏最常见的疾病，此外神经系统缺铁可导致儿童智力下降。过量的铁可出现肝硬化、肝癌、糖尿病及房性心律不齐等。

二、锌

1. 代谢概况　成人体内锌的含量为 1.5~2.5g，主要在小肠吸收，血中锌与清蛋白或运铁蛋白结合而运输。

2. 生理作用　①锌是含锌金属酶的组成成分；②锌是合成胰岛素所必需的元素；③锌也是重要的免疫调节剂，在抗氧化和抗炎症中均起重要作用。

3. 代谢异常　锌缺乏可引起生长发育滞后、生殖器官发育受损、智力发育不良、消化功能紊乱、伤口愈合缓慢、皮肤炎、脱发,严重者可致精神障碍等。

三、碘

1. 代谢概况　成人体内含碘 30~50mg,大部分集中于甲状腺。成人每日需碘 100~300μg,吸收部位主要在小肠,多数随尿排出,其他经排汗排出体外。

2. 生理作用　①合成甲状腺激素。②抗氧化作用。碘可与活性氧竞争细胞成分和中和羟自由基,防止细胞遭受破坏。③调节代谢及生长发育。④预防癌症方面也有积极作用。

3. 代谢异常　碘缺乏可引起地方性甲状腺肿,胎儿期缺碘可致呆小病,表现为生长发育不良等。

四、铜

成人体内铜的含量为 80~110mg,成人每日需铜 1.0~3.0mg,孕妇和生长期的青少年略有增加。铜主要在十二指肠吸收,血液中的铜主要与铜蓝蛋白、清蛋白或组氨酸形成复合物,铜主要随胆汁排泄。

铜是体内多种酶的辅基,如细胞色素氧化酶、多巴胺 β- 羟化酶、单胺氧化酶、酪氨酸酶、胞质超氧化物歧化酶等。铜增强血管内皮生长因子和相关细胞因子的表达,促进血管生成。

铜缺乏的特征性表现为小细胞低色素性贫血、出血性血管改变、白细胞减少、高胆固醇血症和神经疾患等。铜摄入过多也会引起中毒现象,如蓝绿粪便、唾液以及行动障碍等。

五、锰

正常人体内含锰 12~20mg。成人每日需 2~5mg。锰主要从小肠吸收,与血浆中 γ- 球蛋白、清蛋白、运铁蛋白结合。锰在体内主要储存于骨、肝、胰和肾。锰主要从胆汁排泄,少量可随胰液排出体外。

体内锰主要是多种酶的组成成分和激活剂,正常的免疫功能、血糖与细胞能量调节、生殖、消化、骨骼生长、抗自由基等均需要锰。

机体内锰缺乏时生长发育会受到影响。过量的锰可干扰多巴胺的代谢,导致精神病和帕金森神经功能障碍。

六、硒

成人体内含硒 14~21mg。硒在十二指肠吸收。硒入血后与球蛋白或极低密度脂蛋白结合而运输，主要随尿及汗液排泄。

硒在体内以硒代半胱氨酸的形式存在于近 30 种蛋白质中，可表达于各种组织，如动脉内皮细胞和肝血窦内皮细胞。硒蛋白 P 是硒的转运蛋白，也是内皮系统的抗氧化剂。

机体内硒的缺乏可导致生长缓慢、肌肉萎缩、毛发稀疏、精子生成异常等疾病，世界上不同地区的土壤中含硒量不同，影响食用植物中硒的含量，从而影响人类硒的摄取量。克山病和大骨节病都被认为是由于地域性生长的农作物中含硒量低引起的地方病。由于硒的抗氧化作用，服用硒或含硒制剂可以明显降低某些癌症（如前列腺癌、肺癌、大肠癌）的危险性。

七、钴

人体钴含量为 1.1~1.5mg。钴是构成维生素 B_{12} 的组成成分，在体内也主要以维生素 B_{12} 的形式参与一碳单位代谢和核苷酸的合成。钴能促进锌的吸收，也能促进铁的吸收，增强造血功能。钴主要从尿中排泄。

钴的缺乏可使维生素 B_{12} 缺乏，而维生素 B_{12} 缺乏可引起巨幼红细胞贫血等疾病。由于人体排钴能力强，很少有钴蓄积的现象发生。

八、氟

成人体内含氟 2~6g，其中 90% 分布于骨、牙中，少量存在于指甲、毛发及神经肌肉中。氟的生理需要量每日为 0.5~1.0mg，主要从胃肠和呼吸道吸收，从尿中排泄。

氟可被羟基磷灰石吸附，生成氟磷灰石，从而加强对龋牙的抵抗作用，与骨、牙的形成及钙磷代谢密切相关。

机体内氟缺乏可致骨质疏松，易发生骨折，牙釉质受损易碎。氟过多可影响肾上腺、生殖腺等多种器官功能并引起骨脱钙和白内障等。

九、铬

正常成人铬每日需要量为 30~40μg，食物中铬的主要来源有动物肝脏、谷类、豆类、海藻类、乳制品和肉类等。铬与胰岛素的作用关系密切，可通过促进胰岛素与细胞受体的结合，增强胰岛素的生物学效应。

机体内铬缺乏主要表现在胰岛素的有效性降低，造成葡萄糖耐量受损，血清胆固醇和血糖上升,补充铬元素有利于预防和治疗糖尿病。动物实验证明,铬还具有预防动脉硬化和冠心病的作用,并为生长发育所需要。过量可出现铬中毒,铬及其化合物主要侵害皮肤和呼吸道,出现皮炎、溃疡、咽炎、胃痛、胃肠道溃疡等皮肤黏膜的刺激和腐蚀作用,并伴有周身酸痛、乏力等症状,严重者可发生急性肾衰竭致人死亡。

章末小结

　　体液由体内的水以及溶解于水中的无机盐、有机物和蛋白质组成,可分为细胞内液、血浆和细胞间液。各部分体液的电解质含量不尽相同,各具特点。水具有调节体温、促进并参与物质代谢、润滑、维持组织器官的正常形态、硬性和弹性等作用。其主要来源有饮水、食物、代谢水,去路有呼吸蒸发、皮肤蒸发、粪便排出、肾排出。体液中的无机盐具有维持体液的渗透压和酸碱平衡、维持神经肌肉的应激性等作用。水和无机盐的平衡在神经和激素的调节下,主要通过肾脏实现。参与调节的激素主要是抗利尿激素和醛固酮。

　　人体内大部分钙、磷存在于骨组织与牙齿中,每 100ml 血浆中钙与磷含量之积为一常数,$[Ca] \times [P] = 35 \sim 40$。微量元素是指人体每日需要量在 100mg 以下的元素。铁、锌、铜、锰、硒、碘、钴、氟、铬等均有重要的生理功能。

（刘香娥）

思考与练习

一、名词解释

1. 水平衡　　2. 水的最低需要量　　3. 微量元素

二、填空题

1. 正常成年人体液总量约为体重的_____,其中细胞内液约占体重的_____;细胞外液占体重的_____。血浆和细胞间液构成细胞外液,血浆约占体重的_____,细胞间液约占体重的 15%。

2. 水的来源主要有_____、_____、_____;水的排出途径主要有_____、_____、_____、_____。如果不能进水,每日仍不断由_____、_____、_____、_____丢失水分约_____。

3. 调节钙和磷代谢的主要激素有_____、_____和_____。

三、简答题

人体内水的来源和去路有哪些?

第十一章 ┃ 酸 碱 平 衡

11章 数字内容

学习目标

1. 具有理论与实践相结合的能力,培养尊重科学、精益求精、恪尽职守、大爱无疆的职业精神。
2. 掌握血液的缓冲作用。
3. 熟悉肺和肾对酸碱平衡的调节作用。
4. 了解体内酸、碱物质的来源;酸碱平衡失常的基本类型;判断酸碱平衡常用的生化指标。

正常情况下,机体不断地从外界摄入各种酸性或碱性物质,同时自身通过物质代谢又不断产生酸性或碱性物质,但体内的 pH 总是维持在一个相对恒定的范围(7.35~7.45),这是因为机体通过一系列的调节,能够将多余的酸性或碱性物质排出体外,从而维持体液 pH 的相对恒定,这一过程称为酸碱平衡。保持体液的酸碱平衡,对维持机体正常的代谢具有重要的意义。这个复杂的动态平衡过程,需在血液、肺、肾等器官协同作用下完成。

第一节 体内酸性、碱性物质的来源

凡能够解离出 H^+,使体液的 pH 降低的物质,称为酸性物质。凡能够接受 H^+,使体液的 pH 增高的物质,称为碱性物质。人体内的酸性物质主要来自机体的物质代谢,少量来自某些食物及药物。体内的碱性物质主要来自某些成碱食物,物质代谢过程中也会产生碱性物质,但产生量很少。正常膳食情况下,体内产生的酸性物质多于碱性物质。

一、酸性物质的来源

（一）机体物质代谢产生

体内的酸性物质多数来源于体内物质的分解，少量来自食物，根据排出形式可将其分为挥发性酸和固定酸两大类。

1. 挥发性酸　营养物质（糖、脂肪、蛋白质）在体内氧化分解产生 CO_2 和 H_2O，两者在碳酸酐酶（CA）催化下生成 H_2CO_3，随血液循环运至肺后，可重新解离出 CO_2 由肺呼出，故 H_2CO_3 称为挥发性酸。这是体内酸性物质的主要来源。据统计，正常成人每日可产生 CO_2 300~400L，如果全部转变成 H_2CO_3，可释放 10~20mol 的 H^+。

2. 固定酸（非挥发性酸，H-A）　体内物质代谢分解产生的丙酮酸、乳酸、乙酰乙酸、β-羟丁酸等都不具有挥发性，这些酸不能由肺呼出，只能经肾随尿排出体外，故称为固定酸。据统计，正常成人每日产生的固定酸为 50~100mmol。

（二）摄入的酸性物质

机体摄入一些酸性食物和药物，如调味品的醋酸、饮料中的柠檬酸、止咳糖浆中的氯化铵、解热镇痛药阿司匹林等都属于酸性物质。

二、碱性物质的来源

（一）摄入的碱性物质

大部分蔬菜、水果属于成碱食物，是体内碱性物质的主要来源。此外，服用某些碱性药物如 $NaHCO_3$（小苏打）可使血液 pH 升高。

（二）体内代谢产生

体内代谢可产生少量的碱性物质，例如氨、有机胺等，数量远不如酸性物质多。

综上分析，在正常饮食情况下，体内酸性物质的来源多于碱性物质。因此，机体对酸碱平衡的调节主要是对酸的调节。

第二节　酸碱平衡的调节

人体对酸碱平衡的调节主要通过血液的缓冲作用、肺的呼吸功能以及肾的重吸收和排泄功能三方面完成。

一、血液的缓冲作用

血液中含有大量的缓冲物质，最先对进入血液的酸、碱物质进行快速的缓冲，使之变成较弱的酸或碱，这称为血液的缓冲作用。

（一）血液的缓冲体系组成

血液缓冲体系包括血浆缓冲体系和红细胞缓冲体系。

血浆缓冲体系有：$\dfrac{NaHCO_3}{H_2CO_3}$、$\dfrac{Na_2HPO_4}{NaH_2PO_4}$、$\dfrac{NaPr}{HPr}$（Pr 为血浆蛋白质）

红细胞缓冲体系有：$\dfrac{KHb}{HHb}$、$\dfrac{KHbO_2}{HHbO_2}$、$\dfrac{KHCO_3}{H_2CO_3}$、$\dfrac{K_2HPO_4}{KH_2PO_4}$

（Hb 为血红蛋白；HbO_2 为氧合血红蛋白）

血浆中的缓冲体系以碳酸氢盐缓冲体系（$NaHCO_3/H_2CO_3$）的缓冲能力最强，是缓冲固定酸和碱的主要成分；红细胞中的缓冲体系以血红蛋白缓冲体系（KHb/HHb 及 $KHbO_2/HHbO_2$）缓冲能力最强，是缓冲挥发酸的主要成分。血液各缓冲体系的缓冲能力比较见表 11-1。

表 11-1　全血各缓冲体系的比较

缓冲体系	占全血缓冲容量的百分比 /%
血浆碳酸氢盐	35
Hb 和 HbO_2	35
红细胞碳酸氢盐	18
血浆蛋白质	7
有机磷酸盐	3
无机磷酸盐	2

 知识拓展

缓冲作用与缓冲对的基本含义

缓冲作用是指能够对抗外来少量酸性或碱性物质的影响，以维持溶液 pH 相对恒定的作用。具有缓冲作用的溶液为缓冲液，缓冲液可含有一种或多种缓冲体系，即缓冲对。缓冲对一般由弱酸和它对应的弱酸盐组成。

（二）血浆 pH 与碳酸氢盐缓冲体系的关系

血浆 pH 主要取决于血浆中 $NaHCO_3$ 和 H_2CO_3 浓度的比值。正常血浆 $NaHCO_3$ 的浓度约为 24mmol/L，H_2CO_3 的浓度约为 1.2mmol/L，比值为 20/1。血浆 pH 可由亨德森 - 哈塞巴方程式计算：

$$pH = pK_a + \lg \frac{[NaHCO_3]}{[H_2CO_3]}$$

方程式中的 pK_a 为 H_2CO_3 解离常数的负对数，在37℃时为6.10。将此数值代入上式得

$$pH = 6.10 + \lg \frac{20}{1}$$
$$= 6.10 + 1.30$$
$$= 7.40$$

由此可见，血浆的 $[NaHCO_3]/[H_2CO_3]$ 只要维持在20/1，血浆 pH 就能维持在正常范围。当其中任何一方浓度发生变化时，只要对另一方作出相应的调节，使两者浓度比值仍然保持20/1，则血浆 pH 可维持在7.4。因此酸碱平衡调节的实质就是调节 $NaHCO_3$ 和 H_2CO_3 的浓度来维持血浆 pH 的相对恒定。

（三）血液的缓冲机制

1. 对固定酸的缓冲作用　当固定酸（H-A）进入血液后，受到血浆中 $NaHCO_3$ 等缓冲碱的缓冲，使酸性较强的固定酸变为酸性较弱的挥发性酸 H_2CO_3，H_2CO_3 可在肺部分解为 H_2O 和 CO_2，CO_2 由肺呼出体外，所以，血液的 pH 没有发生明显变化。对固定酸缓冲作用反应式如下：

$$H\text{-}A + NaHCO_3 \longrightarrow Na\text{-}A + H_2CO_3$$
$$（固定酸） \qquad\qquad\qquad CO_2 \uparrow + H_2O$$

在一定程度上，血浆中 $NaHCO_3$ 可以代表血浆对固定酸的缓冲能力，故习惯上把血浆中的 $NaHCO_3$ 称为碱储。碱储的多少，可用血浆 CO_2 结合力（CO_2-CP）来表示。

2. 对挥发性酸（H_2CO_3）的缓冲　体内各组织细胞代谢过程中产生的 CO_2 主要是经过红细胞中的血红蛋白缓冲体系所缓冲，此缓冲作用与血红蛋白的运氧过程相偶联。

（1）在组织：由于组织细胞与血浆之间存在 CO_2 分压差，当动脉血流经组织时，组织中的 CO_2 可经毛细血管壁扩散入血浆，其中大部分 CO_2 继续扩散进入红细胞，在碳酸酐酶的作用下和 H_2O 迅速结合生成 H_2CO_3。同时，红细胞中的 $KHbO_2$ 解离释放出 O_2 成为碱性较强的 KHb，KHb 对 H_2CO_3 进行缓冲，生成大量 $KHCO_3$ 和酸性更弱的 HHb，使血液 pH 不致过度下降。$KHCO_3$ 进一步解离成 K^+ 和 HCO_3^-，后者扩散入血浆，成为 CO_2 运输的重要方式；同时血浆中的 Cl^- 转移到红细胞中，以维持血浆和红细胞的电荷平衡（图11-1）。

$$CO_2 + H_2O \longrightarrow H_2CO_3$$
$$KHbO_2 \longrightarrow O_2 + KHb$$
$$KHb + H_2CO_3 \longrightarrow KHCO_3 + HHb$$

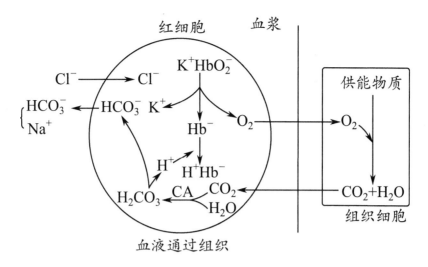

图 11-1 血液流经组织时的调节机制

（2）在肺部：由于肺泡中氧分压（PO_2）高、二氧化碳分压（PCO_2）低，血液流经肺部时，血浆中溶解形式存在的 CO_2 进入肺泡，肺泡中 O_2 扩散入红细胞。红细胞缓冲系统中的 HHb 通过氧合作用与 O_2 合成 $HHbO_2$，后者与 $KHCO_3$ 作用生成 $KHbO_2$；释放出的 H^+ 与 HCO_3^- 合成 H_2CO_3，又迅速在碳酸酐酶作用下，催化 H_2CO_3 分解成 CO_2 和 H_2O。CO_2 不断进入肺泡内，由毛细支气管排出。由于 CO_2 呼出，红细胞中 HCO_3^- 浓度下降，血浆中的 HCO_3^- 迅速向红细胞中转移，从而不断使 CO_2 呼出；同时，红细胞中的 Cl^- 转移到血浆中以维持电荷平衡。所以，血液对挥发酸的缓冲是与其运氧过程密切相关的（图 11-2）。

$$HHb + O_2 \longrightarrow HHbO_2$$

$$KHbO_2 + KHCO_3 \longrightarrow KHbO_2 + H_2CO_3$$

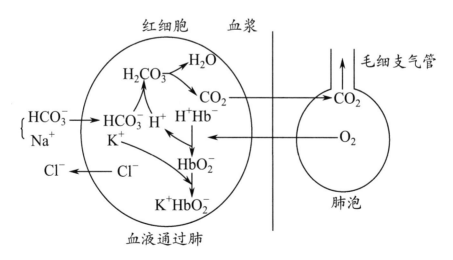

图 11-2 血液流经肺泡时的调节机制

3. 对碱的缓冲　碱性物质进入血液后可被血浆缓冲体系中的 H_2CO_3、NaH_2PO_4 及 H-Pr 所缓冲，由于体内 CO_2 的来源非常丰富，所以 H_2CO_3 是缓冲碱的主要成分。缓冲结果是强碱（Na_2CO_3）变弱碱（$NaHCO_3$），最后由肾脏调节排出，血液 pH 没有发生明显变化。

$$Na_2CO_3 + H_2CO_3 \longrightarrow 2NaHCO_3$$

$$Na_2CO_3 + NaH_2PO_4 \longrightarrow NaHCO_3 + Na_2HPO_4$$

$$Na_2CO_3 + H\text{-}Pr \longrightarrow NaHCO_3 + Na\text{-}Pr$$

综上所述,血液缓冲系统在缓冲酸性、碱性物质中起重要作用。但该缓冲作用是有一定限度的,对固定酸的缓冲,必然使血浆 HCO_3^- 含量减少, H_2CO_3 含量增加;相反,对碱的缓冲,会使 H_2CO_3 含量减少, $NaHCO_3$ 含量增加。当这种变化达到一定程度时,则可改变血中 $[NaHCO_3]/[H_2CO_3]$ 比值,使血浆 pH 发生变化。然而在正常人体内,这样的改变实际是很轻微的,原因是身体还存在着肺和肾脏的进一步调节作用,以维持体液的酸碱平衡。

二、肺在酸碱平衡调节中的作用

肺通过改变 CO_2 呼出量来调节血中 H_2CO_3 浓度,以维持 $[NaHCO_3]/[H_2CO_3]$ 比值正常,来实现对酸碱平衡的调节。

肺通过调节呼吸的频率与深浅度来调节 CO_2 排出量,进而达到对酸碱平衡的调节作用。呼吸中枢的兴奋性受血液 PCO_2 和 pH 影响。当血浆 PCO_2 升高、pH 降低时,可刺激呼吸中枢使之兴奋性增强,呼吸加深加快, CO_2 排出增多;反之, CO_2 排出减少。这样,肺通过调节 CO_2 排出量的多少,调节血中 H_2CO_3 的浓度,从而维持血浆 $[NaHCO_3]/$ $[H_2CO_3]$ 的比值为 20/1,保持血液 pH 正常。在酸碱平衡失常患者的临床诊断中,注意患者的呼吸频率、深浅度也显得尤为重要。

三、肾在酸碱平衡调节中的作用

肾主要是通过排出机体在代谢过程中产生的过多的酸或碱,调节血浆 $NaHCO_3$ 的浓度,保持 $[NaHCO_3]/[H_2CO_3]$ 在正常比值范围。肾的调节速度较肺慢,但调节效果比肺彻底,在生理条件下主要以排酸为主。

肾通过肾小管上皮细胞的 $H^+\text{-}Na^+$ 交换、 $NH_4^+\text{-}Na^+$ 交换、 $K^+\text{-}Na^+$ 交换及排出过多的碱来调节血中 $NaHCO_3$ 的浓度。

(一)肾小管的 $H^+\text{-}Na^+$ 交换

主要通过 $NaHCO_3$ 重吸收和尿液的酸化来实现。

1. $NaHCO_3$ 的重吸收　肾小管细胞主动分泌 H^+ 的作用与 Na^+ 的重吸收同时进行。在肾小管上皮细胞内含有碳酸酐酶(CA)。该酶催化 CO_2 和 H_2O 迅速生成 H_2CO_3 ,然后解离为 H^+ 和 HCO_3^- 。

$$CO_2 + H_2O \underset{CA}{\overset{CA}{\longleftrightarrow}} H_2CO_3 \longrightarrow H^+ + HCO_3^-$$

肾小管腔液中的 $NaHCO_3$ 可解离为 Na^+ 和 HCO_3^- 。细胞中的 H^+ 可主动分泌至肾

小管管腔与 Na^+ 进行交换（H^+-Na^+ 交换），进入细胞内的 Na^+ 可与 HCO_3^- 生成 $NaHCO_3$ 重新回到血液。$NaHCO_3$ 中的 Na^+ 是通过钠泵的作用向血液主动转运，HCO_3^- 则是被动吸收。进入肾小管管腔中的 H^+ 与 HCO_3^- 生成 H_2CO_3，后者在细胞刷状缘碳酸酐酶的催化下，又分解成 CO_2 和 H_2O，CO_2 很快又扩散入细胞内再被利用，H_2O 则随尿排出（图 11-3）。

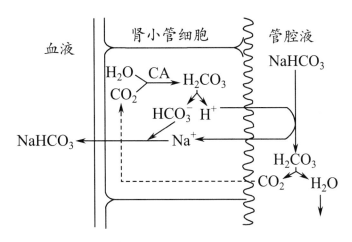

图 11-3　H^+-Na^+ 交换与 $NaHCO_3$ 重吸收

2. 尿液的酸化　血液 pH 为 7.4 时，血浆中磷酸氢盐缓冲体系的 $[Na_2HPO_4]$/$[NaH_2PO_4]$ 为 4:1。在近曲小管管腔的原尿中，这一缓冲对仍保持原来的比值。当原尿流经肾远曲小管时，肾小管细胞分泌增强，一部分 H^+ 就与 Na_2HPO_4 分子中的 Na^+ 交换，转变为 NaH_2PO_4 随尿排出，尿液 pH 下降，此过程尿液被酸化。反应式如下：

$$H^+ + Na_2HPO_4 \longrightarrow NaH_2PO_4 + Na^+$$
（由尿排出）

被重吸收的 Na^+ 与肾小管细胞内 HCO_3^- 一起转运回到血液。正常人总是以排酸为主，尿液 pH 为 5.0~6.0。若尿液 pH 降到 4.8 时，则 $[Na_2HPO_4]$/$[NaH_2PO_4]$ 比值将从原来的 4:1 变为 1:99。这说明原尿经过肾远曲小管时，Na_2HPO_4 不断转变成 NaH_2PO_4，而导致原尿 pH 逐渐下降，尿液被酸化（图 11-4）。

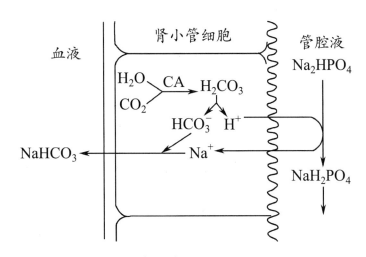

图 11-4　H^+-Na^+ 交换与尿液的酸化

机体代谢正常时,这一途径所占比例较小,但在发生酸中毒时(如糖尿病酸中毒),显得较为重要。

食物与尿液pH的关系

尿液 pH 的高低因机体摄入食物成分的不同有较大差异。正常成人尿液 pH 为 4.6~8.0。在食入混合食物时,终尿的 pH 在 6.0 左右。当小管液的 pH 由原尿中的 7.4 下降到 4.8 时,Na_2HPO_4/NaH_2PO_4 比值下降,Na_2HPO_4 几乎全部转变成 NaH_2PO_4。

(二)肾小管的 NH_4^+-Na^+ 交换

肾近曲小管、远曲小管、集合管能主动分泌 NH_3,约有 60% 的 NH_3 来自血液的谷氨酰胺分解,40% 则在肾小管上皮细胞内氨基酸的脱氨基过程中生成。分泌至肾小管管腔液中的 NH_3 与 H^+ 结合成 NH_4^+,进而生成 NH_4Cl 随尿排出,在促进酸排泄的同时换回了 Na^+。NH_4^+-Na^+ 交换可表示为:

$$Na_2SO_4 + 2H_2CO_3 + 2NH_3 \longrightarrow (NH_4)_2SO_4 + 2NaHCO_3 (进入血液)$$

Na^+ 与 HCO_3^- 形成 $NaHCO_3$ 进入血液,维持血浆中 $NaHCO_3$ 的正常浓度。随着 NH_3 的分泌,管腔液中 H^+ 浓度降低,有利于肾小管细胞分泌 H^+。肾小管细胞分泌 H^+ 增强,又反过来促进 NH_3 的分泌。NH_3 的分泌量随尿液的 pH 而变化,尿液酸性愈强,NH_3 的分泌愈多;如尿呈碱性,NH_3 的分泌减少甚至停止(图 11-5)。

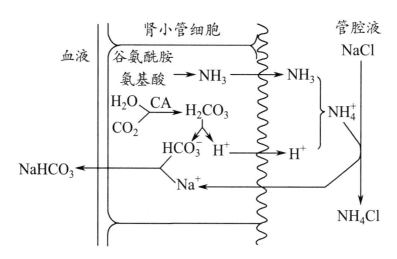

图 11-5　泌氨作用与 NH_4^+-Na^+ 交换

正常情况下,每日有 30~50mmol 的 H^+ 与 NH_3 结合生成 NH_4^+ 由尿排出,而在严重酸中毒时,每日由尿排出的 NH_4^+ 可高达 500mmol。

(三)肾小管的 K^+-Na^+ 交换

肾远曲小管细胞还能主动排钾、泌钾而换回钠的作用,从而实现 K^+-Na^+ 交换,这是人体保留 Na^+ 的另一种方式。且 K^+-Na^+ 交换与 H^+-Na^+ 交换有相互竞争作用,即 K^+-Na^+ 交换增强,则 H^+-Na^+ 交换减弱;H^+-Na^+ 交换增强,K^+-Na^+ 交换减弱。K^+-Na^+ 交换虽然不能直接生成 $NaHCO_3$,但与 H^+-Na^+ 交换的竞争性抑制作用,可间接影响 $NaHCO_3$ 的生成。故临床上高血钾与酸中毒互为因果,碱中毒与低血钾互为因果。

(四)排出过量的碱

应该指出,肾小管对 $NaHCO_3$ 的重吸收是随着机体对 $NaHCO_3$ 的需求而变动的。肾对 HCO_3^- 排出有一定肾阈,当血浆 $NaHCO_3$ 的浓度超过肾阈时,即滤过的 $NaHCO_3$ 超过肾小管重吸收 $NaHCO_3$ 的最大值时,尿中出现 HCO_3^-。这一机制有助于排出体内过剩的 HCO_3^-,防止代谢性碱中毒的发生。

综上所述,在酸碱平衡的调节过程中,血液、肺、肾必须共同参与,缺一不可。血液反应迅速,但缓冲能力有限,且会导致 $NaHCO_3$ 和 H_2CO_3 的浓度改变。虽然肺能快速调节,但只限于调节 H_2CO_3 的浓度。肾发挥作用较慢,但强而持久,可排出多余的酸和碱,还可调节血浆 $NaHCO_3$ 的浓度,在酸碱平衡调节中起主要作用,是酸碱平衡调节最重要的一道防线。

第三节　酸碱平衡失常

 导入案例

患者,男性,56 岁,患糖尿病 10 年,入院时体征:呼吸深大,有烂苹果味,皮肤黏膜干燥、舌唇樱桃红色而干,四肢厥冷,肌张力下降、反射迟钝,意识渐模糊。实验室检查:血糖 28mmol/L、尿糖 ++++,尿酮体 +++,血气结果显示:pH 7.2,PCO_2 22mmHg,CO_2-CP 16mmol/L。

请思考:1. 该患者是否有酸碱平衡失常发生?

2. 属于哪种类型? 依据是什么?

体内酸或碱性物质过多,超过机体的调节能力,或是肺、肾功能障碍导致其调节酸碱平衡的能力下降,均可导致体内酸碱平衡的失常,是临床常见的一种症状,各种疾患均有可能出现。

一、酸碱平衡失常的基本类型

（一）代谢性酸中毒

代谢性酸中毒是由于代谢失常导致的血浆 $NaHCO_3$ 浓度原发性降低而引起的酸碱失衡，是临床上最常见的酸碱平衡失常的类型。其主要原因常见于：①固定酸产生过多；②酸性代谢产物排出障碍；③碱性物质丢失过多。

代谢性酸中毒的特点是血浆 $NaHCO_3$ 浓度降低，血浆 H_2CO_3 浓度也相应降低。

（二）代谢性碱中毒

代谢性碱中毒是由于各种原因导致血浆 $NaHCO_3$ 浓度原发性升高而引起的酸碱失衡。可见于：①固定酸丢失过多；②血钾降低；③血氯降低；④碱性药物摄入过多等。

代谢性碱中毒的特点是血浆 $NaHCO_3$ 浓度升高，血浆 H_2CO_3 浓度也稍有升高。

（三）呼吸性酸中毒

由于呼吸功能障碍导致体内 CO_2 潴留，血浆中 H_2CO_3 浓度原发性升高导致。常见原因有：①呼吸道和肺部疾病，如哮喘、肺气肿、气胸等；②呼吸中枢受抑制；③心脑血管疾病。

呼吸性酸中毒的特点是血浆 H_2CO_3 浓度升高，血浆 $NaHCO_3$ 浓度也稍有升高。

（四）呼吸性碱中毒

呼吸性碱中毒是由于各种原因导致的肺通气过度，CO_2 呼出增多，血浆 H_2CO_3 浓度原发性降低而引起的酸碱失衡。可见于癔症、高热、手术麻醉时辅助呼吸过快、过深和时间过长；还可见于高山缺氧、妊娠等。

呼吸性碱中毒的特点是血浆 H_2CO_3 浓度降低，血浆 $NaHCO_3$ 浓度也稍有降低。

二、判断酸碱平衡的常用生化指标

（一）血液 pH

正常人血液的 pH 为 7.35~7.45，平均为 7.4。血液 pH<7.35 为酸中毒，pH>7.35 为碱中毒。此指标在失代偿性酸碱失衡时才出现改变。

（二）二氧化碳分压（ PCO_2 ）

PCO_2 是指物理溶解于血浆中的 CO_2 所产生的张力，正常 PCO_2 参考值为 35~45mmHg，平均值为 40mmHg。此指标与血浆 H_2CO_3 的浓度呈正相关，主要反映肺泡通气情况，被视为呼吸性指标。

（三）二氧化碳结合力（ CO_2-CP ）

CO_2-CP 是指在温度 25℃、PCO_2 为 40mmHg 的条件下，每升血浆以 HCO_3^- 形式存在的 CO_2 量（mmol）。正常参考值为 22~31mmol/L，平均为 27mmol/L。

此指标主要受代谢性因素影响而变化，在代谢性酸中毒时降低，代谢性碱中毒时升高。但在呼吸性酸中毒时，由于肾的代偿而升高；反之，呼吸性碱中毒时，CO_2-CP 由于代偿而降低。因此，单凭此指标既不能判断是酸中毒还是碱中毒，也不能判断是由于呼吸性因素还是代谢性因素所引起。故该指标必须结合其他指标使用，而不能单独使用。

（四）标准碳酸氢盐（SB）和实际碳酸氢盐（AB）

SB 是指在标准条件下（37℃、PCO_2 为 40mmHg、血氧饱和度为 100%）所测得的血浆中 HCO_3^- 含量，该指标是标准条件下测得的结果，已排除了呼吸因素的影响。

AB 是指在 37℃、隔绝空气的条件下测定的血浆中 HCO_3^- 实际含量，该指标受代谢性因素影响，又受患者体温、PO_2、PCO_2 等呼吸因素影响，即未排除呼吸因素的代谢性指标。

正常参考值在 21~27mmol/L 范围内，平均为 24mmol/L。如果 SB＞AB，说明体内 PCO_2 升高，为呼吸性酸中毒；如果 SB＜AB，说明体内 PCO_2 降低，为呼吸性碱中毒；如果 SB=AB，且两者均＜正常参考值，说明体内 HCO_3^- 含量减少，为代谢性酸中毒；如果 SB=AB，且两者均＞正常参考值，说明体内 HCO_3^- 含量增多，为代谢性碱中毒。

现将各种类型酸碱失衡时生化指标的变化总结于表 11-2。

表 11-2　酸碱失衡的类型及常用生化指标

生化指标	呼吸性酸中毒		呼吸性碱中毒		代谢性酸中毒		代谢性碱中毒	
	代偿	失代偿	代偿	失代偿	代偿	失代偿	代偿	失代偿
pH	正常	↓	正常	↑	正常	↑	正常	↑
PCO_2	↑	↑↑	↓	↓↓	↓	↓	↑	↑
CO_2-CP	↑	↑	↓	↓	↓	↓↓	↑	↑↑
SB 与 AB	SB＜AB		SB＞AB		SB=AB，均↓		SB=AB，均↑	

章末小结

机体使体液 pH 维持在恒定范围内的过程称酸碱平衡。正常膳食情况下，体内酸多碱少。酸碱平衡的调节是通过血液、肺、肾三方面协同实现。血浆中以碳酸氢盐缓冲体系最为重要，是缓冲固定酸和碱的主要成分，血浆 $[NaHCO_3]/[H_2CO_3]$ 比值为 20：1，血液的 pH 就可以维持在 7.4。红细胞中以 Hb 缓冲体系最为重要，其偶联运氧过程，是缓冲挥发酸的主要成分。肺通过改变 CO_2 的呼出量来调节血中 H_2CO_3 的浓度。肾通过肾小管上皮细胞的 H^+-Na^+、NH_4^+-Na^+、K^+-Na^+ 交换及排出过多的碱来调节 $NaHCO_3$ 的浓度。

如因疾病引起体内酸或碱产生过多，或酸碱过度消耗而未能得到补充，都会导致血浆中 $NaHCO_3$ 和 H_2CO_3 的浓度发生变化，出现酸碱平衡失常。判断酸碱失衡的指标有 pH、PCO_2、CO_2-CP、SB 和 AB 等。

（刘香娥）

思考与练习

一、名词解释

1. 酸碱平衡　　2. 挥发性酸　　3. 二氧化碳分压

二、填空题

1. 体内的酸性物质根据排出形式分为＿＿＿＿和＿＿＿＿两大类。

2. 人体对酸碱平衡的调节主要通过＿＿＿＿、＿＿＿＿以及＿＿＿＿功能三方面完成。

3. 肾通过肾小管上皮细胞的＿＿＿＿、＿＿＿＿、＿＿＿＿等来调节血中 $NaHCO_3$ 的浓度。

三、简答题

1. 简述体内酸碱物质的来源。

2. 简述酸碱平衡的主要生化诊断指标。

第十二章 | 基因信息的传递与表达

12章 数字内容

　　蛋白质是生命活动的主要载体，也是功能执行者。生物体的结构越复杂，其所含蛋白质的种类越丰富，功能也越多。核酸与蛋白质同为生命最重要的生物大分子之一，分为脱氧核糖核酸（DNA）和核糖核酸（RNA）两类。DNA是遗传信息的载体，是遗传的主要物质基础。RNA在蛋白质合成和基因表达调控中起着重要作用。蛋白质的合成受核酸控制，核酸自身的代谢及其功能的发挥需要蛋白质参与，通过核酸和蛋白质的代谢过程，实现了生物信息的传递与表达，形成了大千世界形形色色的物种。所以，核酸和蛋白质是生命的物质基础。核酸和蛋白质一旦解体，生命也就不存在了。

第一节　核酸的代谢

导入案例

　　患者，男性，50岁，干部。患者经常出差，频繁饮酒，兼之旅途劳顿，感受风寒，时感手指、足趾肿痛，因工作较忙，未曾介意。前天参加完婚礼后，疼痛加重，右手指关节及左足蹈趾内侧肿痛尤甚，以夜间痛为剧。前来就诊，查体：右手示指、中指肿痛破溃。左足大趾内侧亦肿痛。夜间痛较甚。血尿酸高达 918μmol/L，右肾有痛风石结节。确诊为"痛风症"。

请思考：何为痛风？

核酸由核苷酸组成。机体所需的核苷酸可由食物提供，但主要来自机体细胞自身合成，故核酸不是人体必需的营养素。

一、核苷酸的分解代谢

核酸由各种核酸酶水解生成核苷酸。核苷酸由核苷酸酶水解去掉磷酸生成核苷；核苷被核苷磷酸化酶催化，发生磷酸解反应生成碱基和核糖 -1- 磷酸。碱基可重新合成核苷，也可进一步分解；核糖 -1- 磷酸转变成核糖 -5- 磷酸，可用于再合成核苷酸，也可以进入磷酸戊糖途径分解。

（一）嘌呤核苷酸的分解代谢

嘌呤核苷酸主要在肝、小肠及肾中进行分解，其碱基最终氧化成尿酸，经肾随尿排出体外（图 12-1）。

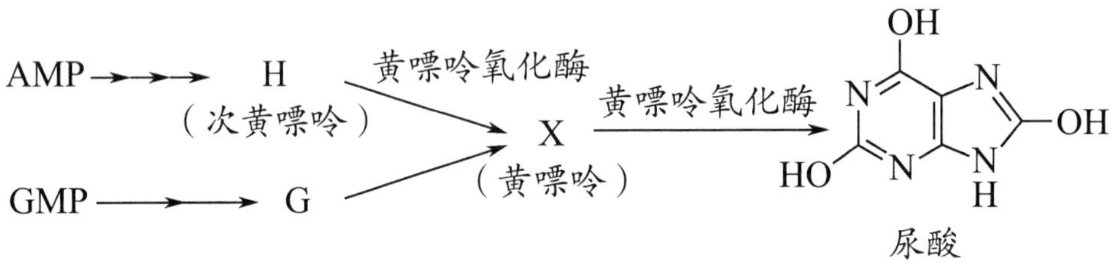

图 12-1 嘌呤核苷酸分解过程示意图

（二）嘧啶核苷酸的分解代谢

嘧啶核苷酸主要在肝中分解。胞嘧啶脱氨基转化为尿嘧啶，后者最终分解成 NH_3、CO_2 及 β- 丙氨酸，胸腺嘧啶则分解成 NH_3、CO_2 及 β- 氨基异丁酸。β- 丙氨酸和 β- 氨基异丁酸易溶于水，可直接随尿排出，也可进一步分解（图 12-2）。

痛风症是人体内嘌呤代谢紊乱，尿酸的合成增加或排出减少，造成高尿酸血症，血尿酸浓度过高时，尿酸以钠盐的形式沉积在关节、软骨和肾脏中，引起组织异物炎性反应。主要临床表现为痛风性关节炎和关节畸形，患者局部出现红、肿、热、痛症状。

临床上痛风症分为原发性和继发性。原发性多由嘌呤代谢相关酶缺乏导致，继发性主要是由某些疾病引起血尿酸升高所致，如肾功能障碍导致尿酸排出减少。

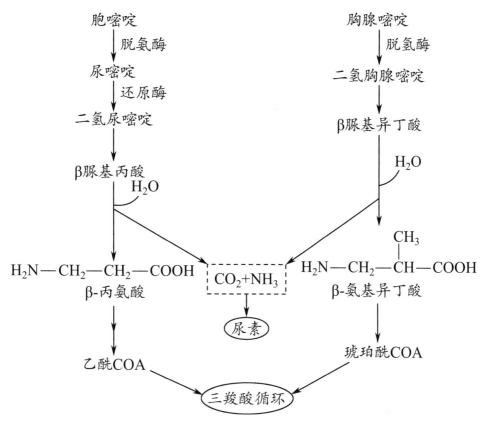

图 12-2　嘧啶碱基分解过程示意图

二、核苷酸的合成代谢

核苷酸的合成包括从头合成途径和补救合成途径。从头合成途径是指利用磷酸核糖、氨基酸、一碳单位及 CO_2 等小分子物质为原料,经过一系列酶促反应合成核苷酸的过程。补救合成途径是指利用体内游离的碱基或核苷,经过简单的反应合成核苷酸的过程。两者的重要性因组织不同而异,一般情况下,从头合成途径是体内大多数组织核苷酸合成的主要途径。

（一）从头合成途径

1. 嘌呤核苷酸的从头合成途径　嘌呤核苷酸的从头合成原料包括谷氨酰胺、天冬氨酸、甘氨酸、一碳单位、二氧化碳和核糖 -5- 磷酸。反应可分为两个阶段:首先在核糖 -5-磷酸基础上逐步形成次黄嘌呤核苷酸（IMP）,之后由 IMP 再分别转变成腺嘌呤核苷酸（AMP）和鸟嘌呤核苷酸（GMP）（图 12-3）。

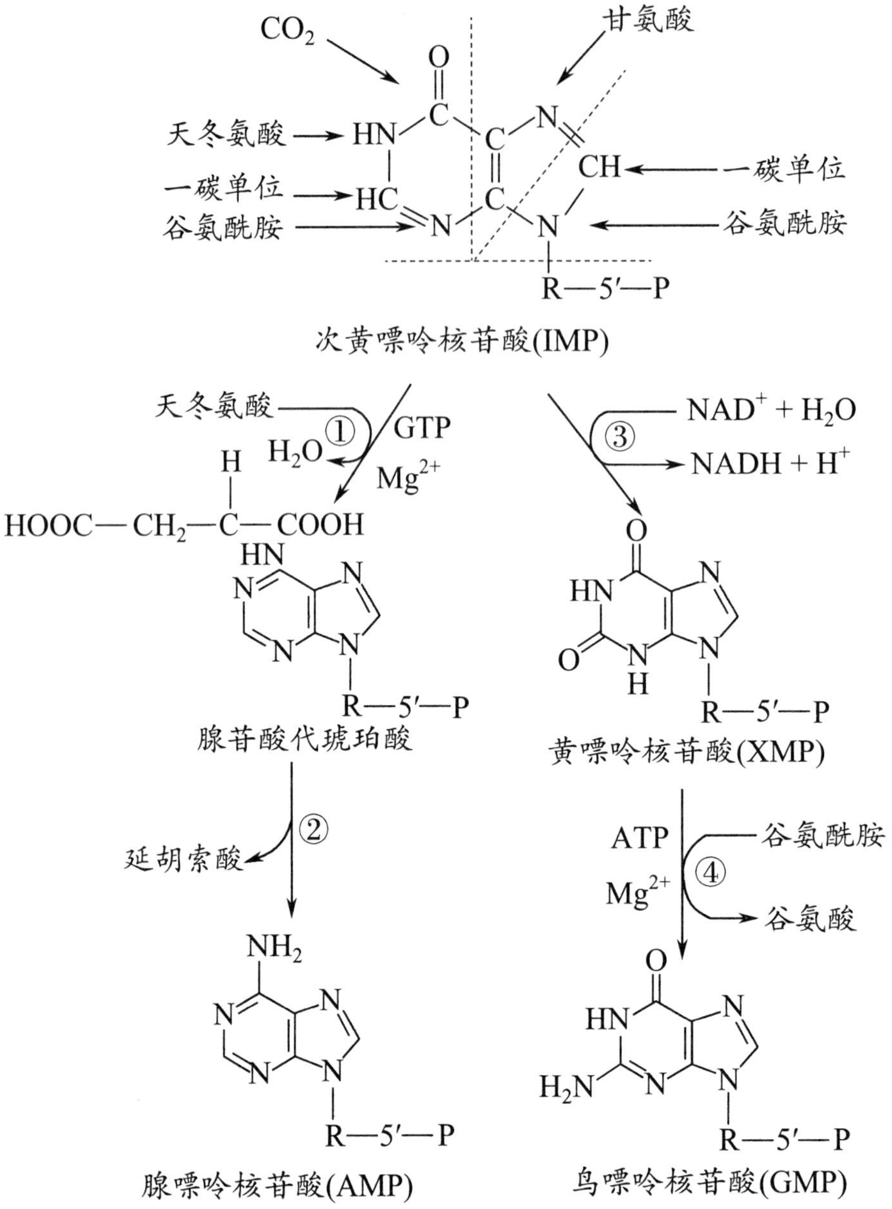

次黄嘌呤核苷酸(IMP)

腺苷酸代琥珀酸

黄嘌呤核苷酸(XMP)

腺嘌呤核苷酸(AMP)

鸟嘌呤核苷酸(GMP)

图 12-3　IMP 合成的原料来源及其转变成 AMP、GMP 的过程

①腺苷酸代琥珀酸合成酶；②腺苷酸代琥珀酸裂解酶；③IMP 脱氢酶；④ GMP 合成酶。

　　嘌呤核苷酸从头合成的主要器官是肝，其次为小肠黏膜和胸腺，反应过程是在细胞质中进行的。

　　2. 嘧啶核苷酸的从头合成途径　嘧啶核苷酸的从头合成主要在肝进行，其原料包括谷氨酰胺、天冬氨酸、二氧化碳和核糖 -5- 磷酸。其过程与嘌呤核苷酸的合成不同。首先合成嘧啶环，再与磷酸核糖连接成尿嘧啶核苷酸(UMP)；UMP 再转化为 UTP 和 CTP（图 12-4 ）。

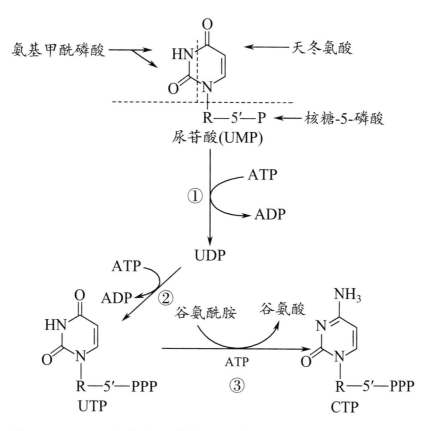

图 12-4 UMP 合成的原料来源及其转变成 UTP、CTP 的过程

（二）补救合成途径

补救合成途径是指细胞利用现成的嘌呤碱、嘧啶碱或嘌呤核苷、嘧啶核苷重新合成核苷酸的过程。由于脑、骨髓等组织缺乏从头合成嘌呤核苷酸的酶系统，只能进行嘌呤核苷酸的补救合成，故补救合成途径对于这些组织器官非常重要。

$$腺嘌呤 + 磷酸核糖焦磷酸 \xrightarrow{\text{腺嘌呤磷酸核糖转移酶}} AMP + PPi$$

$$尿嘧啶核苷 + ATP \xrightarrow{\text{尿苷激酶}} UMP + ADP$$

$$鸟嘌呤 + 磷酸核糖焦磷酸 \xrightarrow{\text{次黄嘌呤-鸟嘌呤磷酸核糖转移酶}} GMP + PPi$$

$$嘧啶 + 磷酸核糖焦磷酸 \xrightarrow{\text{嘧啶磷酸核糖转移酶}} 磷酸嘧啶核苷 + PPi$$

$$尿嘧啶 + 核糖-1-磷酸 \xrightarrow{\text{尿苷磷酸化酶}} 尿嘧啶核苷 + Pi$$

（三）脱氧核苷酸的合成

脱氧核苷酸由二磷酸核苷酸还原生成，此反应由核糖核苷酸还原酶催化。二磷酸脱氧核苷酸在激酶催化下，消耗 ATP 生成三磷酸脱氧核苷酸，作为合成 DNA 的原料。

知识拓展

自毁容貌症

自毁容貌症是由于次黄嘌呤-鸟嘌呤磷酸核糖转移酶（HGPRT）缺失，使得次黄嘌呤和鸟嘌呤不能转换为 IMP 和 GMP，而是降解为尿酸。自毁容貌症是一种 X 连锁隐性遗传病，常见于男性。患者表现为尿酸增高及神经异常。如脑发育不全、智力低下、共济不佳、具攻击和破坏性行为，并且患者常有咬伤自己的嘴唇，手和足部，故称自毁容貌症。

三、DNA 的生物合成——复制

DNA 是遗传信息的携带者，DNA 分子中能编码生物活性产物的功能片段称为基因。基因所携带的遗传信息能通过 DNA 的自我复制传递给子代，实现基因遗传；通过转录传递给 RNA，再通过翻译传递给蛋白质，以蛋白质的功能体现出来，实现基因表达。遗传信息的这种传递规律称为分子生物学的中心法则。

在深入研究致癌 RNA 病毒时，发现这类病毒中的 RNA 同样具有自我复制的能力，并能将其信息反向转录至 DNA。这种遗传信息的传递方式，是分子生物学中心法则的进一步扩充（图 12-5）。

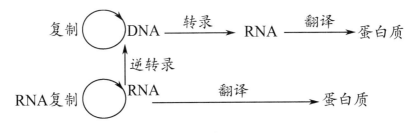

图 12-5　中心法则

从扩充后的中心法则可知，基因信息的传递包括复制、转录、翻译、RNA 的复制及逆转录。其中，复制、转录和翻译是基因信息传递的经典方式；复制是合成 DNA 的主要方式，转录是合成 RNA 的主要方式。

（一）复制方式及机制

复制是指在生物体内，以亲代 DNA 为模板合成子代 DNA 的过程。DNA 以半保留方式进行复制，实现此复制方式的机制是碱基配对规律。复制时，亲代 DNA 分子中的氢键断裂，双螺旋解旋并分开成两条单链，称为亲链（或母链）。以每条亲链作为模板，脱氧核苷三磷酸（dNTP）为原料，按照碱基配对规律合成与模板链互补的新链，称为子链。新合成的两条子链分别与其模板母链重新形成双螺旋，即成为与亲代 DNA 的碱基顺序完全一样的两个子代 DNA。因此，在 DNA 复制时，子代 DNA 分子中的一条链来自亲代，另一条链是新合成的，这种复制方式称为半保留复制（图 12-6）。

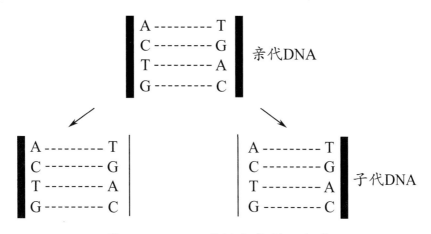

图 12-6　DNA 半保留复制示意图

（二）DNA 复制体系

1. 模板　亲代 DNA 分子。

2. 原料　四种脱氧核苷三磷酸，即 dATP、dCTP、dGTP 和 dTTP。

3. 引物　小片段 RNA，由 RNA 引物酶催化合成。其 3′-OH 末端为脱氧核苷三磷酸的加入位点。

4. 酶及蛋白因子　主要包括解旋酶、拓扑异构酶、引物酶、DNA 聚合酶和 DNA 连接酶等。

（1）解旋酶：利用 ATP 提供能量，将 DNA 双螺旋间的氢键解开，使 DNA 局部形成两条单链。

（2）拓扑异构酶：切断一股或两股解开的 DNA 单链，使其回旋时不至扭结；之后将其再连接起来，形成松弛的单链。

（3）单链 DNA 结合蛋白：结合在解开的 DNA 单链上，避免重新形成双螺旋，使其保持稳定的单链状态；并保护 DNA 链免受核酸酶的降解，以保持模板链的完整。

（4）引物酶：一种 RNA 聚合酶。在复制起始部位由模板指导其催化合成一段 RNA 片段。为 DNA 合成提供加入位点。

（5）DNA 聚合酶：又称 DNA 指导的 DNA 聚合酶（DDDP），能催化四种 dNTP 按照模板链的指导聚合形成 DNA 链。

（6）DNA 连接酶：催化相邻的 DNA 片段连接成完整的 DNA 链。

（三）复制的基本过程

复制过程包括起始、延长、终止三个基本阶段。

1. 起始阶段　DNA 复制从特定的起始部位开始，解旋酶和拓扑异构酶作用在 DNA 的复制起始部位解开 DNA 超螺旋结构，使 DNA 双链解开一段成为叉形结构称复制叉；

单链DNA结合蛋白与该处的DNA单链结合,使之保持稳定的DNA单链模板状态。引物酶辨认模板链起始点,以解开的DNA链为模板,按照碱基配对原则,从5'→3'催化合成RNA片段即RNA引物。DNA聚合酶加入引物的3'端,形成完整的复制叉结构,起始阶段完成。

2. 延长阶段　在DNA聚合酶的作用下,按照碱基配对原则,以四种dNTP为原料进行的聚合反应。其实质是3',5'-磷酸二酯键的不断生成,新链DNA延长的方向是5'→3'。随着复制的进行,复制叉向前移动,亲代DNA继续解链,子链则不断延长,形成边解链边复制的过程。由于两条模板链的方向相反,而子链只能按5'→3'方向合成,故在DNA复制时,只有合成方向与解链方向相同的子链能够连续合成,称为前导链;另一条合成方向与解链方向相反的子链必须待模板链解开足够长度,才能再次合成引物及延长,其合成是不连续的,故称为后随链。后随链上不连续合成的DNA片段称为冈崎片段。当后一冈崎片段延长至前一冈崎片段的引物处时,引物脱落形成空缺,后一冈崎片段继续延长填补空缺,最后由DNA连接酶催化相邻的冈崎片段连接成完整的子链。

3. 终止阶段　当复制进行到模板链上出现复制终止序列时,多种参与复制终止的蛋白质因子进入复制体系,使每条子链分别与其模板链形成双螺旋结构,形成两个与亲代DNA碱基组成完全相同的子代DNA分子,整个复制过程结束(图12-7)。

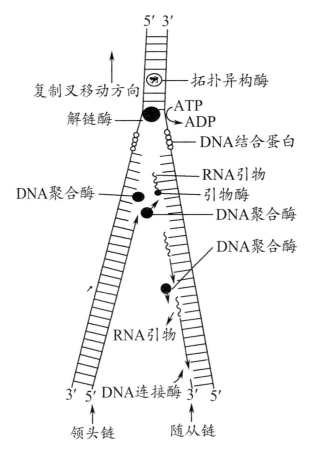

图 12-7　DNA 复制过程模式示意图

（四）DNA复制的特点

1. 半保留复制　DNA复制时，亲代DNA解开为两股单链，各自为模板按碱基配对规律合成与模板互补的子链。子代的DNA分子中一条链从亲代完整地接受过来，另一条链是新合成的。两个子代DNA分子都与亲代DNA分子的碱基序列一致，这种复制方式称为半保留复制。体现了遗传过程的稳定性和保真的特点。

2. 半不连续性　DNA复制时，一条链是连续合成的，而另一条链是不连续合成的，这种复制方式称为半不连续性。

 知识拓展

转基因技术

转基因技术的原理是将人工分离和修饰过的优质基因，导入生物体基因组中，从而达到改造生物的目的。人们常说的"遗传工程""基因工程""遗传转化"均为转基因的同义词。现在，改变动植物性状的人工技术通常被称为转基因技术（狭义），而对微生物的操作则一般被称为遗传工程技术（狭义）。目前，转基因技术已广泛应用于医药、工业、农业、环保、能源和新材料等领域。

四、RNA的生物合成——转录

DNA的复制实现了基因信息的遗传，基因信息的表达有赖于活性蛋白的合成。基因信息从DNA传递给蛋白质的过程中需中介分子RNA，即DNA的信息传到RNA再传到蛋白质。

生物体以DNA为模板合成RNA的过程称为转录。转录是基因表达的第一步，是遗传信息传递的重要环节。

转录与DNA复制相比，有很多相同或相似之处，如基本化学反应、核苷酸链的合成方向、模板、碱基配对的原则、核苷酸之间的连接方式等。但它们之间又有区别（表12-1）。

表12-1　DNA复制和RNA的转录比较

	DNA复制	RNA转录
模板	DNA的两条链	DNA的模板链（不对称转录）
原料	dNTP	NTP
主要的酶	DNA聚合酶	RNA聚合酶

	DNA 复制	RNA 转录
碱基配对	A-T,G-C	A-U,T-A,G-C
产物	子代双链 DNA	mRNA,tRNA,rRNA

（一）转录方式及机制

RNA 以不对称方式进行转录,实现此转录方式的机制仍是碱基配对规律。由 DNA 解开的两条链中只有一条具有模板功能,这条可作为模板指导 RNA 转录的 DNA 链称为模板链;另一条与模板链互补的 DNA 链能反映出多肽链的编码信息,称为编码链。在一个包含多个基因的 DNA 双链分子中,各个基因的模板链并不总在同一条链上,在某个基因节段以其中某一条链为模板进行转录,而在另一个基因节段上可反过来以其对应单链为模板。转录的这种选择性称不对称转录。但在转录时,DNA 的双链结构必须完整,否则转录不能进行。

（二）RNA 转录的体系

1. 模板　　RNA 合成时只需结构基因双链中的一股链为模板进行转录,转录产物 RNA 的碱基序列取决于模板 DNA 的碱基序列。

2. 底物　　四种核苷三磷酸,即 ATP、GTP、CTP 和 UTP。

3. 酶和蛋白因子　　RNA 聚合酶,又称 DNA 指导的 RNA 聚合酶(DDRP),也叫转录酶。原核生物的 RNA 聚合酶由五个亚基($\alpha_2\beta\beta'\sigma$)组成全酶,去掉 σ 亚基后成为核心酶($\alpha_2\beta\beta'$)。σ 亚基能辨认转录起始点,核心酶催化四种核苷三磷酸按照模板链的指导聚合形成 RNA 链。

（三）转录的基本过程

转录过程包括起始、延长、终止三个阶段。

1. 转录的起始　　转录是从 DNA 分子的特定部位开始的,这个部位也是 RNA 聚合酶全酶结合的部位,称为启动子。RNA 聚合酶的 σ 亚基辨认 DNA 的启动子部位,核心酶与启动子结合使 DNA 局部解开成单链结构,形成转录泡。以模板链 $3' \to 5'$ 方向为指导,四种 NTP 按照碱基配对原则依次聚合。核心酶催化第一、二个 NTP 形成 $3',5'$-磷酸二酯键后,σ 亚基从转录泡中脱落,起始阶段完成。脱落的 σ 亚基循环参与启动序列的识别。

2. 转录的延长　　核心酶沿模板链的 $3' \to 5'$ 方向移动,催化按照碱基配对原则不断进入转录泡的 NTP 与前一个核苷酸形成 $3',5'$-磷酸二酯键,连接成与模板 DNA 杂交的 RNA 长链。DNA-RNA 杂交双链之间的氢键不牢固,新合成的 RNA 很容易与模板分开。随着转录的进行,RNA 链的 $5'$ 端不断脱离模板链,转录后的 DNA 即恢复其双链结构(图 12-8)。

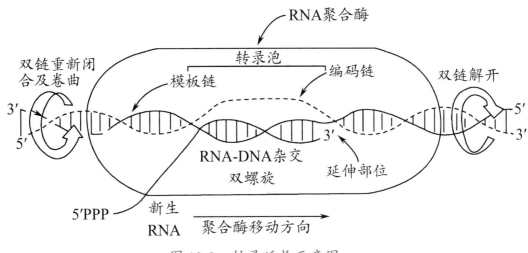

图 12-8 转录延长示意图

3. 转录的终止

（1）不依赖 ρ 因子的转录终止：DNA 模板链上靠近终止处有特殊序列，使新合成的 RNA 链形成发夹结构，阻止 RNA 聚合酶的移动，RNA 链合成终止。

（2）依赖 ρ 因子的转录终止：ρ 因子是一种 RNA-DNA 双螺旋解旋酶。ρ 因子进入终止区域，新合成的 RNA 链从模板链上脱落，转录过程结束。

（四）转录后的加工

真核生物转录的产物没有生物学活性，称为 RNA 前体；此前体必须经过特定的加工成熟过程，才能成为有活性的 RNA，此加工成熟过程称为转录后加工（或称转录后修饰）。三类 RNA 都需要经过一定的剪接和修饰过程：mRNA 要经过特殊的"戴帽""穿鞋"，tRNA 要进行大量的化学修饰形成稀有碱基，rRNA 则必须经过降解后与相关蛋白组合形成大、小亚基。

（五）转录的特点

转录的特点是不对称转录，其中包含两方面的意思：①在同一基因区段内，DNA 只有一条链可以转录；②模板链并非一直在同一条链上。

第二节　蛋白质的生物合成

蛋白质生物合成也称为翻译，是以 mRNA 为模板合成蛋白质的过程。

一、蛋白质生物合成体系

（一）合成原料

蛋白质合成的基本原料是 20 种编码氨基酸。此外，合成过程中还需要 ATP 和 GTP 提供能源，以及 Mg^{2+} 和 K^+ 参与。

（二）酶及蛋白因子

参与蛋白质合成的重要酶类有：①氨酰 -tRNA 合成酶：催化氨基酸和 tRNA 生成氨

酰 -tRNA；②转肽酶：催化核糖体 P 位上肽酰基转移至 A 位氨酰 -tRNA 氨基上，酰基和氨基形成酰胺键；③转位酶：催化核糖体向 mRNA 的 3′ 端移动一个密码子，使下一个密码子定位于 A 位。

参与蛋白质合成的蛋白因子主要有起始因子（IF）、延长因子（EF）、终止因子或释放因子（RF）。

（三）RNA

1. mRNA mRNA 是指导蛋白质多肽链合成的直接模板。在 mRNA 分子上，按 5′→3′ 方向，从 AUG 开始，每三个连续的核苷酸组成一个三联体，代表一种氨基酸或其他信息，称为遗传密码或密码子。mRNA 中的 4 种碱基可以组成 64 个密码子，其中 61 个分别代表 20 种不同的编码氨基酸（表 12-2）。AUG 既编码多肽链中的甲硫氨酸，又作为多肽链合成的起始信号，称为起始密码子，而 UAA、UAG、UGA 则代表多肽链合成的终止信号，不编码氨基酸，称为终止密码子。遗传密码具有以下重要特点：

表 12-2 遗传密码表

第一个核苷酸 (5′)	第二个核苷酸				第三个核苷酸 (3′)
	U	C	A	G	
U	苯丙氨酸	丝氨酸	酪氨酸	半胱氨酸	U
	苯丙氨酸	丝氨酸	酪氨酸	半胱氨酸	C
	亮氨酸	丝氨酸	终止密码	终止密码	A
	亮氨酸	丝氨酸	终止密码	色氨酸	G
C	亮氨酸	脯氨酸	组氨酸	精氨酸	U
	亮氨酸	脯氨酸	组氨酸	精氨酸	C
	亮氨酸	脯氨酸	谷氨酰胺	精氨酸	A
	亮氨酸	脯氨酸	谷氨酰胺	精氨酸	G
A	异亮氨酸	苏氨酸	天冬酰胺	丝氨酸	U
	异亮氨酸	苏氨酸	天冬酰胺	丝氨酸	C
	异亮氨酸	苏氨酸	赖氨酸	精氨酸	A
	甲硫氨酸	苏氨酸	赖氨酸	精氨酸	G
G	缬氨酸	丙氨酸	天冬氨酸	甘氨酸	U
	缬氨酸	丙氨酸	天冬氨酸	甘氨酸	C
	缬氨酸	丙氨酸	谷氨酸	甘氨酸	A
	缬氨酸	丙氨酸	谷氨酸	甘氨酸	G

（1）方向性：密码子在 mRNA 分子中按照 5′→3′ 的方向排列和阅读，这种特点称为遗传密码的方向性。起始密码位于 5′ 端，终止密码位于 3′ 端，故翻译沿着 mRNA 的 5′ 端向 3′ 端进行。

（2）连续性：在翻译时，从 5′ 端的 AUG 开始阅读密码，中间无间隔，也不能重叠，连续地一个密码子挨着一个密码子"阅读"下去，直到终止密码子为止。这种特点称为遗传密码的连续性。如果 mRNA 链发生碱基插入或缺失，密码阅读将出现错误，引起移码突变。

（3）简并性：20 种编码氨基酸中，除色氨酸和甲硫氨酸各有一个密码子外，其余氨基酸都有 2 个以上密码，这种特点称为遗传密码的简并性。简并性主要表现在遗传密码的第一、二位碱基都是相同的，只有第三位不同，说明密码子的特异性主要由前两个碱基决定。

（4）通用性：地球上的各种生物在蛋白质合成中共用一套遗传密码，这种特点称为遗传密码的通用性。从病毒、细菌到人类几乎使用同一套遗传密码表，是进化论关于生物具有同一起源的有力论据。

（5）摆动性：mRNA 上的密码子与 tRNA 上的反密码子在配对辨认时，有时不完全遵守碱基配对原则，尤其是密码子的第三位碱基与反密码子的第一位碱基，不严格互补也能相互辨认，称为密码子的摆动性。

2. tRNA　tRNA 是氨基酸的转运工具。各种氨基酸都有其特定的 tRNA。tRNA 分子以其 3′ 端（-CCA-OH）与特定氨基酸结合，并以其反密码子与 mRNA 上的密码子进行配对结合，使其所携带的氨基酸按照 mRNA 的密码排列准确地"对号入座"，从而保证多肽链的正常合成。

3. rRNA　rRNA 与多种蛋白质共同构成核糖体，是蛋白质合成的场所。核糖体由大小两个亚基组成。小亚基上有 mRNA 结合的部位，可容纳两个密码子；大亚基上有两个相邻的 tRNA 结合位点，一个与肽酰 -tRNA 结合称为肽酰位（或 P 位，给位），另一个与氨酰 -tRNA 结合称为氨酰位（或 A 位，受位）；两位点之间具有转肽酶活性，可催化肽键形成。此外，核糖体还有许多位点可与蛋白质合成的启动因子、延长因子结合。

二、蛋白质生物合成过程

蛋白质生物合成过程包括氨基酸的活化与转运、肽链的合成、肽链合成后的加工修饰三个基本阶段。

（一）氨基酸的活化与转运

氨基酸与相应的 tRNA 结合生成氨酰 -tRNA 的过程称为氨基酸的活化。此过程由氨酰 -tRNA 合成酶催化，需 ATP 供能。活化形成的氨酰 -tRNA 进入核糖体，参与多肽链合成。

（二）肽链的合成

肽链的合成从核糖体大小亚基与 mRNA 聚合形成起始复合物开始；肽链合成结束

后,解聚的大小亚基重新与 mRNA 聚合形成新的起始复合物,开始另一条肽链的合成,故将此过程称为核糖体循环。核糖体循环是蛋白质生物合成的中心环节,包括起始、延长及终止三个阶段。

1. 起始阶段　在三种起始因子、GTP 和 Mg^{2+} 的参与下,核糖体、mRNA 与甲硫氨酰 -tRNA 共同形成起始复合物。大致过程为:

(1) 形成起始复合物Ⅰ:小亚基与 mRNA 的起始部位结合成复合物Ⅰ。

(2) 形成起始复合物Ⅱ:甲硫氨酰 -tRNA 通过其反密码子与 mRNA 的起始密码 AUG 结合,形成起始复合物Ⅱ,此过程需要 GTP 提供能量。

(3) 形成起始复合物:GTP 分解供能,起始因子从复合物上脱落,大亚基与小亚基结合形成起始复合物,此时,甲硫氨酰 -tRNA 处于大亚基的肽酰位,对应于 mRNA 第二个密码子位置的氨酰位处于准备接受下一个氨酰 -tRNA 的状态(图 12-9)。

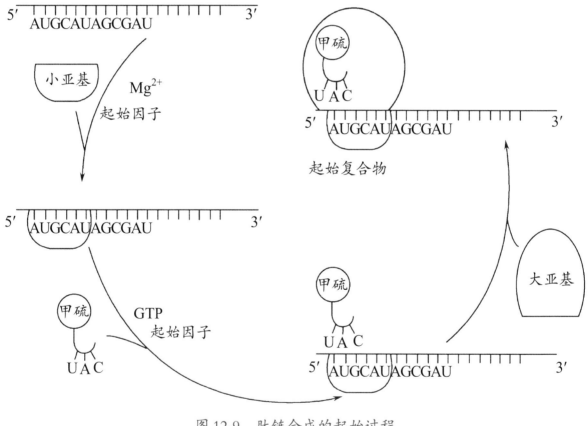

图 12-9　肽链合成的起始过程

2. 延长阶段　在肽链延长因子、GTP、K$^+$ 和 Mg^{2+} 的参与下,对 mRNA 链上的遗传信息进行连续翻译,使肽链逐渐延长。肽链每延长一个氨基酸残基单位,须经过进位、转肽和移位三个步骤。

(1) 进位:氨酰 -tRNA 以其反密码子与对应于氨酰位的 mRNA 密码子进行识别配

对,从而进入氨酰位。此步骤需要延长因子及 GTP 参与。

（2）转肽:在转肽酶催化下,肽酰位上的肽酰基(或甲硫氨酰基)转移至氨酰位,与氨酰位氨酰 -tRNA 携带的氨基酸的 α- 氨基形成肽键,肽酰位上脱去肽酰基的 tRNA 脱离复合物,此步骤需要 K^+ 和 Mg^{2+} 的参与。

（3）移位:转位酶催化核糖体沿 mRNA 5′ → 3′ 方向移动相当于一个密码子的距离,原处于氨酰位的肽酰 -tRNA 移至肽酰位,氨酰位空出,准备接受下一个氨酰 -tRNA。此步骤需要延长因子、GTP、K^+ 和 Mg^{2+} 的参与(图 12-10)。

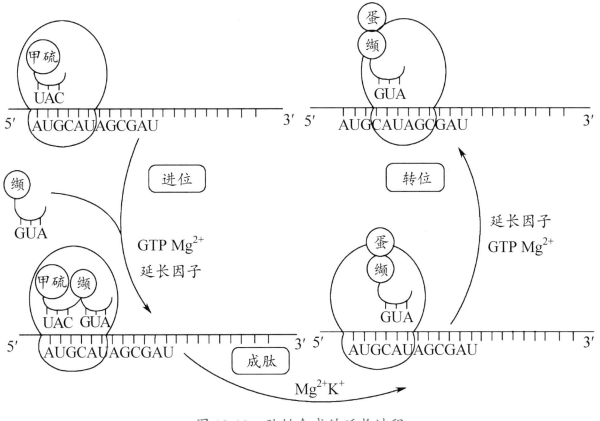

图 12-10　肽链合成的延长过程

上述三个步骤不断重复,使肽链按 mRNA 上的密码排列逐渐延长,直到进入终止阶段。

3. 终止阶段　当核糖体移位至氨酰位上出现终止密码时,任何氨酰 -tRNA 都不能进位。终止因子识别终止密码并与其结合,诱导转肽酶变构而表现出水解酶活性,使肽酰位上的肽链水解释放,tRNA 和延长因子从复合物中脱落,核糖体与 mRNA 分离,大小亚基解聚,整个肽链合成过程结束(图 12-11)。

肽链合成结束后,解离的大小亚基重新与 mRNA 聚合,开始下一条肽链的合成,故肽链合成过程也称为核糖体循环。由于多个核糖体可相隔一定距离与同一条 mRNA 结合,同时进行相同肽链的合成,使 mRNA 得到充分利用,也提高了蛋白质合成的速度。所以,肽链合成过程又称为多核糖体循环。

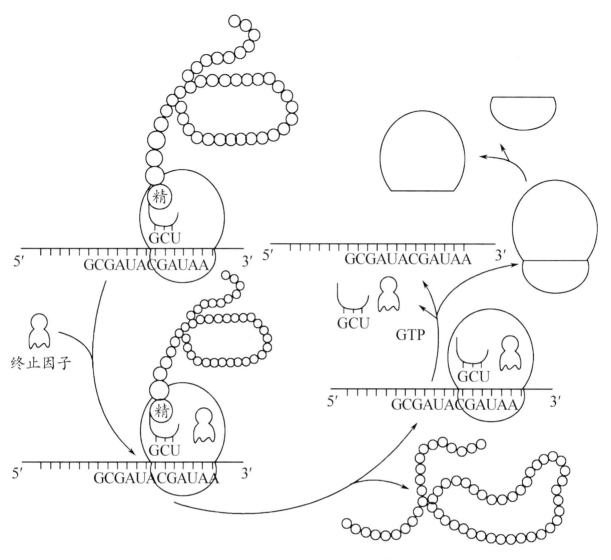

图 12-11　肽链合成的终止过程

（三）肽链合成后的加工修饰

核糖体循环合成的多肽链往往不具有生物活性，必须经过细胞内各种方式的加工修饰，才能成为具生物活性的蛋白质，此过程称为翻译后加工。多肽链加工修饰的方式很多，主要有切除 N 端的甲硫氨酸、水解去除某些肽段或氨基酸残基、对某些氨基酸进行化学修饰，形成二硫键、与辅基结合等。单链蛋白质经过此加工后就具有生物活性；由两个或两个以上亚基组成的蛋白质，在每条多肽链合成加工结束后，还必须通过非共价键将各个亚基聚合起来形成四级结构，才能成为有生物活性的蛋白质。

三、蛋白质生物合成与医学的关系

蛋白质是生命的重要物质基础，与机体的组成及各种生命现象密切相关。蛋白质生物合成异常，必然导致机体代谢异常，从而引起疾病。临床医学利用此机制，可对病原生物或某些疾病进行干预。

（一）分子病

由于 DNA 分子上的基因遗传缺陷，使蛋白质分子一级结构发生改变，导致蛋白质出现功能障碍所引起的疾病称为分子病。分子病是一类遗传性疾病，镰状细胞贫血就是其典型病种。此类患者因基因缺陷（表 12-3），使血红蛋白 β 链相应位置的谷氨酸残基变成了缬氨酸残基，形成异常血红蛋白 HbS。HbS 在氧分压较低时容易连接成巨大分子，附着在红细胞膜上，使红细胞扭曲成镰刀状且极易破裂，从而导致溶血性贫血。

表 12-3　镰状细胞贫血患者血红蛋白基因异常

	正常	镰状细胞贫血
相关的 DNA	3′……CTT……5′	3′……CAT……5′
相关的 mRNA	5′……GAA……3′	5′……GUA……3′
β 链 N 端第 6 位氨基酸残基	N 端……谷……C 端	N 端……缬……C 端
血红蛋白种类	HbA	HbS

（二）蛋白质合成的阻断剂

1. 抗生素　多种抗生素可作用于遗传信息传递的各个环节，阻抑细菌或肿瘤细胞的蛋白质合成，从而发挥药理作用。如丝裂霉素、博来霉素、放线菌素等可抑制 DNA 的模板活性，利福霉素可抑制细菌的 RNA 聚合酶活性，通过影响转录来阻抑蛋白质的合成。另一些抗生素则主要影响翻译过程，如四环素能与细菌核糖体的小亚基结合使其变构，从而抑制 tRNA 的进位；链霉素则抑制细菌蛋白质合成的起始阶段，并引起密码错读而干扰蛋白质的合成；氯霉素能与细菌核糖体的大亚基结合，抑制转肽酶活性等。

一些抗生素的作用位点及作用机制见表 12-4。

表 12-4　一些抗生素的作用位点及作用

抗生素	作用位点	作用机制
四环素	原核核糖体小亚基	抑制氨酰 -tRNA 与小亚基的结合
氯霉素	原核核糖体大亚基	抑制肽酰转移酶，阻断肽键的形成
链霉素、卡那霉素	原核核糖体小亚基	改变构象，引起读码错误，抑制起始
红霉素	原核核糖体大亚基	抑制肽酰转移酶，妨碍转位
嘌呤霉素	原核、真核核糖体	氨酰 -tRNA 类似物，使肽链从核糖体上解离

2. 其他因素　某些毒素能在肽链延长阶段阻断蛋白质合成而引起毒性,如白喉毒素可特异抑制人和哺乳动物肽链延长因子2的活性,强烈抑制真核细胞蛋白质的生物合成。干扰素是真核生物细胞感染病毒之后产生并分泌的一类蛋白质,它能阻断病毒蛋白质的合成,抑制病毒繁殖。此外,干扰素还具有调节细胞生长分化、激活免疫系统等作用,临床应用十分广泛。

 知识拓展

基 因 工 程

基因是DNA分子上携带着遗传信息的碱基序列片段。基因工程(又称重组DNA技术)是近几年来发展较快的一项分子生物学高新技术,是将所获得的目的基因在体外与基因载体重组,然后将其转入适当宿主细胞中,随着该细胞的繁殖,DNA重组体得到扩增,产生大量的目的基因片段(克隆),并同时使目的基因得以表达。

1997年2月22日,英国的生物遗传学家维尔穆特成功地克隆出了多利羊。2005年8月5日我国第一头体细胞克隆的小香猪诞生,2007年7月16日另一头体细胞克隆的巴马小型猪在上海诞生,表明我国DNA重组技术迈上了新台阶。

章末小结

核酸在各种酶作用下逐步分解为碱基和磷酸核糖;两者可重新合成核苷酸,也可进一步分解。嘌呤碱分解生成尿酸,嘧啶碱分解成 NH_3、CO_2 及 β-丙氨酸或 β-氨基异丁酸。核苷酸有从头合成途径和补救合成途径,以从头合成途径为主,而补救合成途径对脑、骨髓等不能利用从头合成嘌呤核苷酸的组织尤其重要。

基因信息的传递主要包括复制、转录和翻译。复制是合成DNA的主要方式,特点为半保留复制及半不连续复制。转录是合成RNA的主要方式,特点是不对称转录。翻译是合成蛋白质的过程,需要三类RNA参加。其过程包括氨基酸的活化与转运、肽链的合成、翻译后加工及亚基的聚合三个阶段;肽链合成是中心环节,包括进位、转肽和移位三个步骤。蛋白质生物合成异常,必然导致机体代谢异常,从而引起疾病,如分子病。抗生素和干扰素等能通过抑制复制、转录和翻译过程阻碍蛋白质合成,从而起到抑菌、抗肿瘤作用。

(莫小卫)

思考与练习

一、名词解释

1. 半保留复制　　　2. 逆转录　　　3. 冈崎片段　　　4. 转录　　　5. 翻译

二、填空题

1. 以DNA为模板合成RNA的过程为_____，催化此过程的酶是_____。

2. DNA合成的原料是_____；复制中所需要的引物是_____。

3. 蛋白质的生物合成是以_____作为模板，_____作为运输氨基酸的工具，_____作为合成的场所。

4. 核糖体循环是由_____、_____和_____三个步骤周而复始进行。

三、简答题

1. DNA复制特点有哪些？

2. 什么是遗传密码？有何特点？

附　录

实　验　指　导

实验一　醋酸纤维素薄膜电泳法分离血清蛋白质

【实验目的】

1. 了解电泳技术的一般原理。

2. 学习醋酸纤维素薄膜电泳的操作方法。

【实验原理】

带电粒子在电场中移动的现象称为电泳。电泳有很多类型,如纸电泳、醋酸纤维素薄膜电泳、纤维素或淀粉粉末电泳、淀粉凝胶电泳、琼脂糖凝胶电泳、聚丙烯酰胺凝胶电泳等。

任何一种物质的粒子,由于其本身在溶液中的解离或由于其表面对其他带电粒子的吸附,会在电场中向一定的电极移动。例如,氨基酸、蛋白质、酶、激素、核酸及其衍生物等物质都具有许多可解离的酸性和碱性基团,它们在溶液中会解离而带电。

不同的粒子在同一电场中泳动速度不同,据此可将不同带电物质分开。

醋酸纤维素薄膜电泳是用醋酸纤维素薄膜作为支持物的电泳方法。

醋酸纤维素薄膜由二乙酸纤维素制成,它具有均一的泡沫样的结构,厚度仅120μm,有强渗透性,对分子移动无阻力,作为区带电泳的支持物进行蛋白电泳有简便、快速、样品用量少、应用范围广、分离清晰、没有吸附现象等优点。目前已广泛用于血清蛋白、脂蛋白、血红蛋白和同工酶的分离及用在免疫电泳中。

【实验准备】

1. 试剂

(1) 巴比妥缓冲液(pH 8.6):巴比妥2.76g,巴比妥钠15.45g,加水至1 000ml。

(2) 染色液:氨基黑10B 0.25g,甲醇50ml,冰醋酸10ml,水40ml(可重复用)。

(3) 漂洗液:含甲醇或乙醇45ml,冰醋酸5ml,水50ml。

(4) 透明液:含无水乙醇7份,冰醋酸3份。

2. 器材　常压电泳仪、醋酸纤维素薄膜(2cm×8cm)、玻璃板、竹镊、点样器(盖玻片)、白磁反应板、培养皿(染色及漂洗用)、人血清或鸡血清、粗滤纸。

【实验学时】

2学时。

【实验方法与结果】

1. 浸泡和点样　将醋酸纤维素薄膜切成 2cm×8cm 条状,浸于巴比妥缓冲液,待完全浸透后,取出置于滤纸上,轻轻吸去多余的缓冲液,再于薄膜的无光泽面的一端1.5cm处,用小玻片蘸取少许血清,垂直印于膜上,待样品浸入膜后,将薄膜有样品的一面向下(以防蒸发干)贴在电泳槽架上,两端用数层浸湿的滤纸(或纱布)作盐桥贴紧(实验图1-1)(其他样品同样处理,若需标记,只能用铅笔书写于有光泽面的两端)。

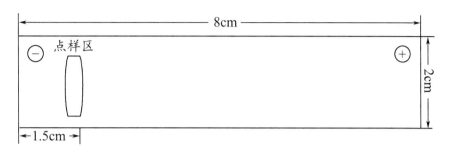

实验图 1-1　醋酸纤维素薄膜规格及点样位置

2. 电泳　在电泳槽内加入缓冲液,使两个电极槽内的液面等高,将膜条平悬于电泳槽支架的滤纸桥上(先剪裁尺寸合适的滤纸条,取双层滤纸条附着在电泳槽的支架上,使它的一端与支架的前沿对齐,而另一端浸入电极槽的缓冲液内。用缓冲液将滤纸全部润湿并驱除气泡,使滤纸紧贴在支架上,即为滤纸桥。它是联系醋酸纤维素薄膜和两极缓冲液之间的"桥梁")。膜条上点样的一端靠近负极,盖严电泳室,通电,调节电压至160V,电流强度 0.4~0.7mA/cm 膜宽,电泳时间约为60min(实验图1-2)。

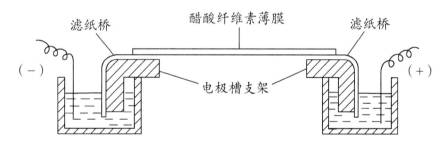

实验图 1-2　醋酸纤维素薄膜电泳装置示意图

3. 染色　电泳完毕后将膜条取下并放在染色液中浸泡10min。

4. 漂洗　将膜条从染色液中取出,置漂洗液中漂洗数次至白区底色脱净为止,可得色带清晰的电泳图谱(实验图1-3)。

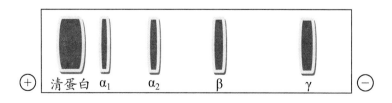

实验图 1-3　醋酸纤维素薄膜电泳分离血清蛋白质的图谱

5. 定量(了解)　有两种方法。

（1）将上述漂净的薄膜用滤纸吸干，剪下各种蛋白质色带，分别浸于 4.0ml 0.4mol/L NaOH 溶液中（37℃）5~10min，色泽浸出后，比色（590nm）。设各部分的吸光度分别为：$A_清$、$A_{\alpha 1}$、$A_{\alpha 2}$、A_β、A_γ。则吸光度总和（$A_总$）为：

$$A_总 = A_清 + A_{\alpha 1} + A_{\alpha 2} + A_\beta + A_\gamma$$

$$清蛋白\% = \frac{A_清}{A_总} \times 100$$

$$\alpha_1 球蛋白\% = \frac{A_{\alpha 1}}{A_总} \times 100$$

$$\alpha_2 球蛋白\% = \frac{A_{\alpha 2}}{A_总} \times 100$$

$$\beta 球蛋白\% = \frac{A_\beta}{A_总} \times 100$$

$$\gamma 球蛋白\% = \frac{A_\gamma}{A_总} \times 100$$

（2）把薄膜放在滤纸上用电吹风吹干，待薄膜完全干燥后，浸入透明液中 5~10min，取出，平贴于干净玻璃片上，自然干燥或用电吹风冷风吹干，即得背景透明的电泳图谱，可用刀片刮开并从玻板上取下图谱，可用光密度计测定各蛋白斑点。此图谱可长期保存。

【注意事项】

1. 点样时一定按操作步骤进行，否则常因血清滴加不匀或滴加过多，导致电泳图谱不齐或分离不良。

2. 醋酸纤维素薄膜一定要充分浸透后才能点样。点样后电泳槽一定密闭；电流不易过大，防止薄膜干燥、电泳图谱出现条痕。

3. 缓冲液的离子强度一般不应小于 0.05，或大于 0.075，因为过小可使区带拖尾，而过大则使区带过于紧密。

4. 透明液中冰醋酸含量适宜，含量不足，膜即发白，含量过高膜可被溶。

5. 在剪开蛋白质各区带时，力求准确，以尽量清除人为的误差。

6. 切勿用手接触薄膜表面，以免油腻或污物沾上，影响电泳结果。

7. 电泳槽内的缓冲液要保持清洁（数天要过滤一次），两极溶液要交替使用。最好将连接正极、负极的电流调换使用。

8. 电泳槽内两边有缓冲液应保持液面相平。

9. 通电完毕，要先断开电源，再取薄膜，以免触电。

【实验评价】

1. 在电泳中影响蛋白质泳动度的因素有哪些？哪种起决定性作用？

2. 如果血清样品溶血，在电泳时会出现怎样的结果？

3. 肝、肾病变时，血清蛋白质醋酸纤维素薄膜电泳分离的蛋白质电泳谱可能会发生什么样的变化？

（姜　竹）

实验二 酶的特异性

【实验目的】

1. 了解检查酶特异性的原理和方法。
2. 验证并解释酶对底物的特异性。

【实验原理】

唾液淀粉酶可将淀粉水解成麦芽糖及少量葡萄糖,两者均属还原性糖,能使班氏试剂中的二价铜离子还原成一价亚铜离子,生成砖红色氧化亚铜(Cu_2O)沉淀。但唾液淀粉酶不能催化蔗糖水解,且蔗糖本身也不具有还原性,故不能与班氏试剂发生颜色反应。以此证明酶对底物催化的专一性。

【实验准备】

1. 试剂

(1)1%淀粉溶液:称取可溶性淀粉1g,加少量蒸馏水调成糊状,再加入蒸馏水80ml加热溶解,最后用蒸馏水稀释至100ml。

(2)1%蔗糖溶液:称取1g蔗糖,加蒸馏水至100ml溶解。

(3)pH 6.8缓冲液:取0.2mol/L Na_2HPO_4 溶液154.5ml,0.1mol/L柠檬酸溶液45.5ml,混合后即成。

(4)班氏试剂

A液:取结晶硫酸铜($CuSO_4 \cdot 5H_2O$)17.3g溶于100ml预热的蒸馏水中,冷却后加水至150ml。

B液:取柠檬酸钠173g,无水碳酸钠100g,加蒸馏水600ml,加热溶解,冷却后稀释至850ml。将A液缓慢倒入B液中混匀后,置于试剂瓶备用。

2. 器械 滴管、烧杯、试管、试管架及试管夹、37℃恒温水浴箱与沸水浴箱。

3. 环境 pH 6.8缓冲液、37℃恒温水浴、沸水浴。

【实验学时】

2学时。

【实验方法与结果】

(一)实验方法

1. 制备稀释唾液 实验者先将痰咳尽,用自来水漱口,以清除口腔内食物残渣,再在口腔内含蒸馏水约15ml,并作咀嚼运动,3min后吐入垫有脱脂纱布的漏斗内,过滤于小烧杯中用蒸馏水稀释至20ml,混匀备用。

2. 取试管2支,编号,按实验表2-1操作。

实验表2-1 酶特异性操作步骤

加入物 / 滴	1号管	2号管
pH 6.8缓冲液	20	20
1%淀粉溶液	10	—
1%蔗糖溶液	—	10
稀释唾液	5	5

加入物/滴	1号管	2号管
将各管混匀，置于37℃水浴箱中保温10min后取出		
班氏试剂	15	15
将各管混匀，置于沸水浴箱中煮沸5min，观察结果。		

（二）实验结果

在实验表2-2中如实填写实验结果。

实验表2-2　酶特异性实验结果

	1号管	2号管
结果		
结果分析		

【实验评价】

1. 试以唾液淀粉酶为例，解释酶的特异性及本实验的原理。

2. 观察各管颜色反应并说明原因。

（张玉媛）

实验三　温度、pH、激活剂与抑制剂对酶促作用的影响

【实验目的】

1. 了解影响酶促反应速度的因素。

2. 验证温度、pH、激动剂与抑制剂对酶促作用的影响。

【实验原理】

酶促反应在低温时，反应速度较慢甚至停止；随着温度升高，反应速度逐渐加快；当达到最适温度时，酶促反应速度达到最大值，人体最适温度在37℃左右。如温度过高，反应速度反而下降，甚至停止，这主要由于酶蛋白因高温变性失活之故。

酶活性与溶液的pH有关。pH既影响酶蛋白本身构象，也影响底物的解离程度，从而改变酶与底物结合和催化作用，故每种酶都有其自身最适pH的作用环境，过酸过碱均可引起酶蛋白变性而降低或失去活性。唾液淀粉酶的最适pH为6.8，氯离子对该酶活性有激活作用，铜离子则有抑制作用。

本实验用碘与淀粉及其水解产物（大分子糊精、麦芽糖）的颜色反应，来比较唾液淀粉酶在不同条件下催化淀粉水解的速度，从而判断温度、pH、激活剂、抑制剂对酶促作用的影响。

淀粉 ————————→ 糊精 ————————→ 麦芽糖

（与碘呈蓝色）　　　　　（与碘呈紫红至红色）　　　　　（与碘不呈色）

【实验准备】

1. 试剂

（1）1%淀粉溶液：称取可溶性淀粉1g，加少量蒸馏水调成糊状，再加入蒸馏水80ml加热溶解，最

后用蒸馏水稀释至 100ml。

（2）pH 6.8 缓冲液：取 0.2mol/L Na$_2$HPO$_4$ 溶液 154.5ml，0.1mol/L 柠檬酸溶液 45.5ml，混合后即成。

（3）pH 4.0 缓冲液：取 0.2mol/L Na$_2$HPO$_4$ 溶液 385.5ml，0.1mol/L 柠檬酸溶液 614.5ml，混合后即成。

（4）pH 8.0 缓冲液：取 0.2mol/L Na$_2$HPO$_4$ 溶液 194.5ml，0.1mol/L 柠檬酸溶液 5.5ml，混合后即成。

（5）0.9% NaCl 溶液。

（6）1%CuSO$_4$ 溶液。

（7）1%Na$_2$SO$_4$ 溶液。

（8）碘液：称取碘 2g、碘化钾 4g 溶于 1 000ml 蒸馏水中，置于棕色瓶内贮存备用。

2. 器械　滴管、试管、试管架、试管夹、小烧杯、恒温水浴箱、冰浴箱（冰箱）、沸水浴箱。

3. 环境　pH 6.8 缓冲液，pH 4.0 缓冲液，pH 8.0 缓冲液，37℃恒温水浴，冰浴，沸水浴。

【实验学时】

2 学时。

【实验方法与结果】

（一）实验方法

1. 制备稀释唾液　实验者先将痰咳尽，用自来水漱口，以清除口腔内食物残渣，再在口腔内含蒸馏水约 15ml，并作咀嚼运动，3min 后吐入垫有脱脂纱布的漏斗内，过滤于小烧杯中用蒸馏水稀释至 20ml，混匀备用。

2. pH 对酶促反应速度的影响　取试管 3 支，编号，按实验表 3-1 操作。

实验表 3-1　pH 对酶促反应速度的影响操作步骤

加入物／滴	1号管	2号管	3号管
pH 4.0 缓冲液	20	—	—
pH 6.8 缓冲液	—	20	—
pH 8.0 缓冲液	—	—	20
1%淀粉溶液	10	10	10
稀释唾液	5	5	5
将各管混匀，置于37℃水浴箱中保温10min后取出			
碘液	1	1	1

各管混匀后观察各管呈现的颜色，判断在不同 pH 下淀粉被水解的程度，分析 pH 对酶促作用的影响。

3. 温度对酶促反应速度的影响　取试管 3 支，编号，按实验表 3-2 操作。

实验表 3-2　温度对酶促反应速度的影响实验步骤

加入物／滴	1号管	2号管	3号管
pH 6.8 缓冲液	20	20	20
1%淀粉溶液	10	10	10

加入物/滴	1号管	2号管	3号管
将1、2、3号管分别置于0℃、37℃、100℃预温5min			
稀释唾液	5	5	5
继续将1、2、3号管分别置于0℃、37℃、100℃预温5min			
碘液	1	1	1

各管混匀后观察各管呈现的颜色,判断在不同温度下淀粉被水解的程度,分析温度对酶促作用的影响。

4. 激活剂与抑制剂对酶促反应速度的影响　取试管4支,编号,按实验表3-3操作。

实验表3-3　激活剂与抑制剂对酶促反应速度的影响实验步骤

加入物/滴	1号管	2号管	3号管	4号管
pH 6.8缓冲液	20	20	20	20
1%淀粉溶液	10	10	10	10
蒸馏水	10	—	—	—
0.9%NaCl溶液	—	10	—	—
1%$CuSO_4$溶液	—	—	10	—
1%Na_2SO_4溶液	—	—	—	10
稀释唾液	5	5	5	5
将各管混匀,置于37℃水浴箱中保温10min后取出				
碘液	1	1	1	1

各管混匀后观察各管呈现的颜色,判断在激活剂和抑制剂存在下淀粉被水解的程度,分析激活剂和抑制剂对酶促作用的影响。

(二) 实验结果

1. pH对酶促反应速度的影响　见实验表3-4。

实验表3-4　pH对酶促反应速度的影响实验结果

	1号管	2号管	3号管
结果			
结果分析			

2. 温度对酶促反应速度的影响　见实验表3-5。

实验表3-5　温度对酶促反应速度的影响实验结果

	1号管	2号管	3号管
结果			
结果分析			

3. 激活剂与抑制剂对酶促反应速度的影响　见实验表3-6。

实验表3-6　激活剂与抑制剂对酶促反应速度的影响实验结果

	1号管	2号管	3号管	4号管
结果				
结果分析				

【实验评价】

1. 简述温度、pH、激动剂及抑制剂等因素对淀粉酶活性的影响。
2. 简述淀粉酶活性测定的原理及注意事项。

（张玉媛）

实验四　琥珀酸脱氢酶的作用及其抑制

【实验目的】

1. 了解测定琥珀酸脱氢酶活性的简易方法及其原理。
2. 验证丙二酸对琥珀酸脱氢酶的竞争性抑制作用。

【实验原理】

存在于心肌、骨骼肌、肝脏等组织中琥珀酸脱氢酶，能使琥珀酸脱氢而成延胡索酸，脱下氢可使甲烯蓝褪色，还原为甲烯白。反应如下：

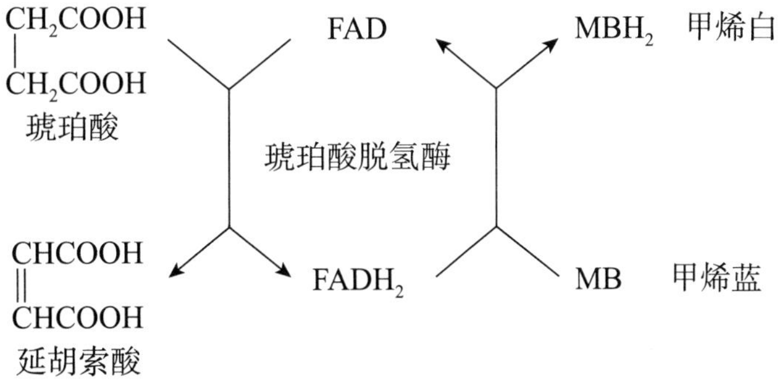

草酸、丙二酸等在结构上与琥珀酸相似，可与琥珀酸竞争与琥珀酸脱氢酶的活性中心结合。若酶已与丙二酸等结合，则不能再与琥珀酸结合而使之脱氢，产生抑制作用，且抑制程度取决于琥珀酸与抑制剂在反应体系中浓度的相对比例，所以这种抑制是竞争性抑制。本实验通过观察在由不同浓度的琥珀酸与丙二酸组成的反应体系中使等量甲烯蓝褪色反应时间，从而验证丙二酸对琥珀酸的竞争性抑制作用。

【实验准备】

1. 试剂

（1）0.1mol/L 磷酸盐缓冲液（pH 7.4）：取 0.1mol/L 磷酸氢二钠溶液 81ml 和 0.1mol/L 磷酸二氢钠溶液 19ml，两者混合即成，4℃冰箱保存。

（2）1.5%琥珀酸钠溶液：称取1.5g琥珀酸钠，加蒸馏水至100ml。

（3）1%丙二酸钠溶液：称取1g丙二酸钠，加蒸馏水至100ml。

（4）0.02%甲烯蓝溶液：称取0.02g甲烯蓝溶液，加蒸馏水至100ml。

（5）液状石蜡。

2. 器材　家兔、组织剪、试管、试管架、滴管、高速组织捣碎机或研钵、恒温水浴箱。

【实验学时】

2学时。

【实验方法与结果】

1. 将家兔气栓致死后，迅速取出大腿肌肉或肝组织，加入0~4℃的pH 7.4磷酸盐缓冲液，用高速组织捣碎机制备成20%匀浆。

2. 试管4支，标以1、2、3、4，按实验表4-1加入各种试剂。

实验表4-1　琥珀酸脱氢酶的作用及其抑制实验操作步骤及结果

管号	匀浆液 / 滴	1.5%琥珀酸钠 溶液 / 滴	1%丙二酸钠 溶液 / 滴	蒸馏水 / 滴	0.02%甲烯蓝 溶液 / 滴	结果
1	10	10	—	20	5	
2	10	10	10	10	5	
3	—	10	10	20	5	
4	10	20	10		5	

3. 将各试管溶液混匀，各加少量液状石蜡覆盖在溶液液面上，然后将试管放入37℃水浴中保温。

4. 在15min内观察各管颜色的改变，并记录在实验表4-1中。

【实验评价】

1. 为什么要在各管液面上覆盖石蜡？

2. 各管中的反应体系配好后为什么不能再摇动？

3. 第四号试管设置的目的是什么？

（刘保东）

实验五　肝中酮体的生成作用

【实验目的】

1. 了解肝中酮体生成作用的实验原理和操作步骤。

2. 验证酮体生成是肝脏特有的功能。

【实验原理】

酮体包括乙酰乙酸、β-羟丁酸和丙酮三种物质，是脂肪酸在肝中氧化的正常中间代谢产物，是大脑及肌肉组织的重要能源。正常情况下，血中仅含有少量酮体。而在饥饿及严重糖尿病时，血中酮体升高，称为酮血症，一部分酮体可随尿排出，称为酮尿，严重者可导致酮症酸中毒。

本实验以丁酸作为底物,与新鲜的肝匀浆一起保温,利用肝组织中合成酮体的酶系,催化丁酸生成酮体。酮体能与显色粉中的钠硝普钠反应,生成紫红色化合物。而将丁酸与肌匀浆混合,放在同样的环境中则不能生成酮体,也不与显色粉反应,因为肌组织中无酮体生成酶系。

【实验准备】

1. 试剂

(1)生理盐水(0.9%氯化钠溶液)。

(2)洛克(Locke)液:称取葡萄糖 0.1g,氯化钠 0.9g,氯化钾 0.042g,氯化钙 0.024g,碳酸氢钠 0.02g,溶于 100ml 蒸馏水中。

(3)0.5mol/L 丁酸溶液:称取丁酸 44g,溶于适量的 0.1mol/L 的 NaOH 溶液中,然后再用 0.1mol/L 的 NaOH 溶液稀至 1L。

(4)pH 7.6 磷酸盐缓冲液:量取 0.1mol/L 的 Na_2HPO_4 86.8ml 与 0.1mol/L 的 NaH_2PO_4 13.2ml,混合即可。

(5)15% 三氯醋酸溶液。

(6)显色粉:称取钠硝普钠 1g,硫酸铵 50g,无水碳酸钠 30g,混合后研成粉末。

2. 器材   试管及试管架、滴管、动物肝、肌肉、剪刀、研钵或匀浆器、恒温水浴箱。

【实验学时】

2 学时。

【实验方法与结果】

1. 制备肝匀浆和肌匀浆   取小白兔或小白鼠一只,断头杀死,迅速剖腹取出肝和肌肉,剪碎后分别放入匀浆器或研钵中,按体重:体积为 1(g):3(ml) 的比例加入生理盐水制成匀浆。匀浆也可以用大动物的肝和肌肉制取,方法是:取大动物的肝和肌肉,除去脂肪和筋膜,剪成碎条后用生理盐水浸泡 2~3 次,然后制成匀浆。

2. 取 4 支试管编号,按实验表 5-1 加入试剂。

实验表 5-1   酮体生成实验操作步骤

加入物 / 滴	1 号管	2 号管	3 号管	4 号管
洛克液	15	15	15	15
0.5mol/L 丁酸溶液	30	–	30	30
pH 7.6 磷酸盐缓冲液	15	15	15	15
肝匀浆	20	20	20	–
肌匀浆	–	–	–	20
蒸馏水	–	30	20	–

3. 将各管溶液摇匀后,置于 37℃ 恒温水浴箱中保温 40min(每隔 10min 摇动一次试管可加快反应)。

4. 取出各管,分别加入 15% 三氯醋酸 20 滴,混匀后用离心机离心 5min(3 000r/min)或用脱脂棉过滤。

5. 用滴管分别从 4 支试管中吸取上清液数滴，分别置于白瓷反应板的 4 个凹槽内。然后每凹槽各加显色粉一小匙，观察颜色反应。

将各管液体与显色粉反应后呈现的颜色记录，分析原因。

【实验评价】

1. 比较并分析实验结果，说明酮体生成的部位及意义。

2. 试分析肝中酮体的生成作用对机体的利弊。

（莫小卫）

实验六　转氨基作用

【实验目的】

1. 了解氨基酸的转氨基作用。

2. 验证和比较肝、肌肉丙氨酸氨基转移酶（ALT）的活性。

【实验原理】

L- 丙氨酸与 α - 酮戊二酸在丙氨酸氨基转移酶的催化下生成丙酮酸和 *L*- 谷氨酸，丙酮酸与显色粉中的 2,4- 二硝基苯肼作用，生成丙酮酸 -2,4- 二硝基苯腙，苯腙在碱性条件下显红棕色，颜色深浅表示酶活性大小。在本试验中进行肝、肌肉与血清中转氨酶活性比较。

【实验准备】

1. 试剂

（1）0.1mol/L 磷酸盐缓冲液（pH 7.4）：精确量取 80.8ml 的 0.1mol/L Na_2HPO_4 和 19.2ml 的 0.1mol/L KH_2PO_4，混匀即成。

（2）底物缓冲液：取 1.78g *DL*- 丙氨酸，29.2mg α- 酮戊二酸。将两种物质先溶于 10ml 的 1mol/L NaOH 中，溶解后用 1mol/L HCl 调节 pH 7.4 磷酸盐缓冲液至 100ml，加氯仿数滴防腐，置于 4℃冰箱保存。

（3）1.0mmol/L 2,4- 二硝基苯肼溶液：取 20mg 2,4- 二硝基苯肼溶于 1mol/L HCl 100ml 中。

（4）0.4mol/L NaOH 溶液：用 1mol/L NaOH 溶液稀释配制。

（5）2mmol/L 丙酮酸标准液。

2. 器材　研钵和细沙、分析天平、恒温水浴箱、试管、可调加样器、刻度吸量管等。

【实验学时】

2 学时。

【实验方法与结果】

1. 将家兔处死后，迅速剖腹取出肝和部分肌肉，用生理盐水洗净。取新鲜肝和肌组织一定量，剪碎后分别放入研钵中，按重量与体积 1∶3 的比例加入生理盐水，加细沙、研磨成匀浆。用棉花过滤匀浆，即得到肝与肌的浸提液。

2. 取试管 3 支按实验表 6-1 操作。

实验表 6-1　肝、肌肉与血清中转氨酶活性比较实验步骤及结果

加入物	1号管	2号管	3号管
ALT 基质液	1ml	1ml	1ml
肝浸提液	3滴	–	–
肌浸提液	–	3滴	–
血清	–	–	3滴
37℃水浴	20min	20min	20min
2,4- 二硝基苯肼	10滴	10滴	10滴
37℃水浴	20min	20min	20min
0.4mol/L NaOH	5ml	5ml	5ml
结果			

【实验评价】

说明 ALT 活性测定的临床意义。

（张自悟）

思考与练习填空题参考答案

第一章

二、填空题

1. 分子

2. 物质　　能量

3. 叙述生物化学　　动态生物化学　　机能生物化学

第二章

二、填空题

1. 氮

2. 碳　　氢　　氧　　氮

3. L-α-氨基酸　　甘氨酸

4. 核苷酸

5. $5' \to 3'$端　　碱基

第三章

二、填空题

1. 活化能　　平衡点

2. 高度催化效率　　高度特异性　　高度不稳定性　　酶活性可调节性

3. 酶蛋白　　辅因子

4. 酶蛋白　　辅因子

5. 催化基团　　结合基因

6. 活性中心

7. H　　M

8. 相同　　不同

9. LDH_1

10. 天然底物（最适底物）

第四章

二、填空题

1. 维生素 A　　维生素 D　　维生素 E　　维生素 K

2. B 族维生素　　维生素 C

3. 抗氧化作用　　与动物生殖功能有关　　促进血红素代谢　　其他功能

第五章

二、填空题

1. 转化　　储存　　利用

2. NADH 氧化呼吸链　　$FADH_2$ 氧化呼吸链　　2.5 分子　　1.5 分子

3. 氧化磷酸化　　底物水平磷酸化

214

4. 有机酸   α- 脱羧   β- 脱羧

第六章

二、填空题

1. 氧化供能   构成机体组织细胞   参与构成生物活性物质

2. 红细胞   肌肉组织   皮肤和肿瘤组织

3. 2   32（或 30）

4. 尿苷二磷酸葡萄糖（UDPG）

5. 丙酮酸羧化酶   磷酸烯醇式丙酮酸羧激酶

6. 7.0mmol/L   8.9mmol/L。

第七章

二、填空题

1. α- 脂蛋白（α-LP）   前 β- 脂蛋白（preβ-LP）   β- 脂蛋白

2. 极低密度脂蛋白（VLDL）   低密度脂蛋白（LDL）   高密度脂蛋白（HDL）

3. 脂肪酶   脂肪酸   甘油

4. 脂肪酸活化生成脂酰 CoA   脂酰 CoA 转移至线粒体   β- 氧化生成乙酰 CoA

5. 胆汁酸   维生素 D_3 类固醇激素

6. 磷脂   糖脂   胆固醇   胆固醇酯

7. 储能和供能   协助脂溶性维生素的吸收   保持体温   保护内脏

8. 脱氢   加水   再脱氢   硫解

9. 乙酰 CoA   肝   肝外组织

10. 甘油磷脂   鞘磷脂

第八章

二、填空题

1. 转氨基   氧化脱氨基   联合脱氨基   联合脱氨基

2. 肝   肾脏   鸟氨酸循环

3. 白化病

第九章

二、填空题

1. 肝糖原的合成与分解   糖异生作用

2. 溶血性黄疸   肝细胞性黄疸   阻塞性黄疸

3. 氧化反应   还原反应   水解反应   结合反应

4. 胆汁酸盐   使有限的胆汁酸反复利用

5. 极低密度脂蛋白   高密度脂蛋白

第十章

二、填空题

1. 60%   40%   20%   5%

2. 饮水   食物   代谢水   肾排出   呼吸蒸发   皮肤蒸发   粪便排出   皮肤   肺   消化道   肾   1 500ml

3. 1,25- 二羟维生素D_3 甲状旁腺激素   降钙素

第十一章

二、填空题

1. 挥发酸   固定酸

2. 血液的缓冲作用   肺的呼吸功能   肾的重吸收和排泄功能

3. H^+-Na^+ 交换 NH_4^+-Na^+ 交换 K^+-Na^+ 交换

第十二章

二、填空题

1. 转录   RNA 聚合酶

2. 四种脱氧核苷三磷酸   小片段RNA

3. mRNA   tRNA   rRNA

4. 进位   转肽   移位

教学大纲（参考）

一、课程性质

生物化学基础是中等卫生职业教育医学检验技术专业的一门专业医学基础课程,与临床医学的关系十分密切。近代医学的发展,大量运用生物化学的理论和方法来诊断、治疗和预防疾病,而且许多疾病的机制也需要从分子水平上加以探讨。生物化学为临床医学专业课程提供必要的理论基础,是医学各专业的必修课程。本课程主要内容包括绪论、蛋白质与核酸化学、酶、维生素、糖代谢、生物氧化、脂类代谢、蛋白质代谢、肝生物化学、水与无机盐代谢、酸碱平衡、基因信息的传递与表达。课程的主要任务是:使学生掌握人体主要组成成分及其结构、性质和功能,常用生物化学检验的指标和方法的理论基础;熟悉物质代谢和能量代谢的过程及生理意义;了解物质代谢与机能活动的关系;培养学生的科学思维方法和良好的学习习惯,使之具有运用生物化学知识分析问题、解决问题的能力,为专业核心课程的学习打下基础。

二、课程目标

通过本课程的学习,学生能够达到下列要求:

(一)思政目标

1. 具有理论与实践相结合的能力,培养尊重科学、精益求精、恪尽职守、大爱无疆的职业精神。

2. 具有神圣的使命感、救死扶伤的责任意识、认真严谨的学习态度。

3. 具有严谨求实的科学态度和辩证思维,培养关注患者疾痛的职业素养和建设健康中国的责任担当。

(二)职业素养目标

1. 具有良好的职业道德、伦理知识、法律知识、医疗安全意识。

2. 具有良好的医疗卫生服务文化品质、心理调节能力,以及人际沟通与团队合作能力。

3. 具有对医学职业价值有正确认识,掌握和理解医学道德规范,热爱本职工作,为人类健康服务的敬业精神。

(三)专业知识和技能目标

1. 具备掌握人体主要化学物质的组成、结构、性质和功能;熟悉人体内物质代谢的主要过程及生理意义;熟悉遗传信息传递的基本过程;了解物质代谢异常与疾病的关系的专业知识。

2. 具有能使用常用的生物化学实验仪器以及生物化学实验的基本操作的能力。

3. 具有会运用生物化学知识分析和解释实验现象的能力。

三、学时安排

教学内容	学时		
	理论	实践	合计
一、绪论	2		2
二、蛋白质与核酸化学	6	2	8
三、酶	4	2	6
四、维生素	2		2

教学内容	学时		
	理论	实践	合计
五、生物氧化	2	2	4
六、糖代谢	6		6
七、脂类代谢	6	2	8
八、蛋白质的分解代谢	6	2	8
九、肝生物化学	4		4
十、水与无机盐代谢	2		2
十一、酸碱平衡	2		2
十二、基因信息的传递与表达	2		2
合计	44	10	54

四、主要教学内容和要求

单元	教学内容	教学目标		教学活动参考	参考学时	
		知识目标	技能目标		理论	实践
一、绪论	1. 生物化学研究的主要内容	掌握		理论讲授	2	
	2. 生物化学的发展过程	熟悉				
	3. 生物化学与医学的关系	了解				
	4. 学习生物化学的方法	了解				
二、蛋白质与核酸化学	(一)蛋白质的分子组成			理论讲授 多媒体演示 案例分析	6	
	1. 蛋白质的元素组成	掌握				
	2. 蛋白质的基本组成单位——氨基酸	掌握				
	(二)蛋白质的结构与功能					
	1. 蛋白质的基本结构	掌握				
	2. 蛋白质的空间结构	了解				
	3. 蛋白质结构与功能的关系	了解				
	(三)蛋白质的理化性质和分类					
	1. 蛋白质的理化性质	掌握				
	2. 蛋白质的分类	了解				
	(四)核酸化学					
	1. 核酸的分子组成	了解				
	2. 核酸的分子结构	掌握				
	3. 某些重要的游离核苷酸及其衍生物	了解				
	4. 核酸的理化性质	了解				

续表

单元	教学内容	知识目标	技能目标	教学活动参考	理论	实践
	实验一 醋酸纤维素薄膜电泳分离血清蛋白质		学会	技能实践		2
三、酶	（一）酶的概述			理论讲授	4	
	1. 酶的概念	掌握		多媒体演示		
	2. 酶促反应的特点	掌握		案例分析		
	（二）酶的结构与功能					
	1. 酶的分子组成	掌握				
	2. 酶的活性中心与必需基团	掌握				
	3. 酶原与酶原的激活	掌握				
	4. 同工酶	熟悉				
	5. 酶作用的基本原理	了解				
	（三）影响酶促反应速度的因素					
	1. 酶浓度对酶促反应速度的影响	熟悉				
	2. 底物浓度对酶促反应速度的影响	熟悉				
	3. 温度对酶促反应速度的影响	熟悉				
	4. 酸碱度对酶促反应速度的影响	熟悉				
	5. 激活剂对酶促反应速度的影响	了解				
	6. 抑制剂对酶促反应速度的影响	掌握				
	（四）酶的分类、命名及医学上的应用	了解				
	实验二 酶的特异性		学会	技能实践		2
	实验三 温度、pH、激活剂、抑制剂对酶促作用的影响					
四、维生素	（一）概述	掌握		理论讲授	2	
	（二）脂溶性维生素	掌握		多媒体演示		
	（三）水溶性维生素	熟悉				
五、生物氧化	（一）生物氧化概述			理论讲授	2	
	1. 生物氧化的概念与方式	掌握		多媒体演示		
	2. 生物氧化的特点	了解		案例分析		
	3. 生物氧化中 CO_2 的生成	了解				
	（二）线粒体氧化体系					
	1. 呼吸链的概念和组成	掌握				
	2. 呼吸链的类型	掌握				

单元	教学内容	教学目标 知识目标	教学目标 技能目标	教学活动参考	参考学时 理论	参考学时 实践
	3. 细胞质中 NADH+H$^+$ 的氧化	熟悉				
	（三）ATP 的生成与能量的利用和转移	熟悉				
	实验四 琥珀酸脱氢酶的作用及抑制		学会	技能实践		2
六、糖代谢	（一）概述	了解		理论讲授	6	
	（二）糖的分解代谢			多媒体演示		
	1. 糖无氧分解	掌握		案例分析		
	2. 糖的有氧氧化	掌握				
	3. 磷酸戊糖途径	了解				
	（三）糖原的合成和分解					
	1. 糖原的合成	掌握				
	2. 糖原的分解	熟悉				
	（四）糖异生作用					
	1. 糖异生反应途径	了解				
	2. 糖异生作用的生理意义	掌握				
	（五）血糖及其调节					
	1. 血糖的来源和去路	熟悉				
	2. 血糖浓度的调节	熟悉				
	3. 高血糖和低血糖	掌握				
七、脂类代谢	（一）概述			理论讲授	6	
	1. 脂类的分布与含量	了解		多媒体演示		
	2. 脂类的生理功能	掌握		案例分析		
	3. 脂类的消化吸收	了解				
	（二）甘油三酯的中间代谢					
	1. 甘油三酯的分解代谢	掌握				
	2. 甘油三酯的合成代谢	了解				
	（三）类脂的代谢					
	1. 磷脂的代谢	熟悉				
	2. 胆固醇的代谢	熟悉				
	（四）血脂及血浆脂蛋白					
	1. 血脂的组成与含量	掌握				
	2. 血浆脂蛋白	熟悉				
	3. 高脂蛋白血症	了解				
	实验五 肝生酮的作用		学会	技能实践		2

单元	教学内容	教学目标		教学活动参考	参考学时	
		知识目标	技能目标		理论	实践
八、蛋白质的分解代谢	（一）蛋白质的营养作用			理论讲授	6	
	1. 蛋白质的生理功能	掌握		多媒体演示		
	2. 蛋白质的需要量	掌握		实例分析		
	3. 蛋白质的营养价值	熟悉				
	（二）氨基酸的一般代谢					
	1. 氨基酸的代谢概况	了解				
	2. 氨基酸的脱氨基作用	掌握				
	3. 氨的代谢	掌握				
	4. α-酮酸的代谢	熟悉				
	（三）个别氨基酸的代谢					
	1. 氨基酸的脱羧基作用	了解				
	2. 一碳单位的代谢	掌握				
	3. 含硫氨基酸的代谢	了解				
	4. 芳香族氨基酸的代谢	熟悉				
	（四）氨基酸、糖和脂肪在代谢上的联系	了解				
	实验六 转氨基作用		学会	技能实践		2
九、肝生物化学	（一）肝在物质代谢中的作用			理论讲授	4	
	1. 肝在糖代谢中的作用	掌握		多媒体演示		
	2. 肝在脂类代谢中的作用	掌握		案例分析		
	3. 肝在蛋白质代谢中的作用	掌握				
	4. 肝在维生素代谢中的作用	了解				
	5. 肝在激素代谢中的作用	了解				
	（二）胆汁酸代谢	了解				
	1. 胆汁	熟悉				
	2. 胆汁酸代谢与功能					
	（三）肝的生物转化作用	掌握				
	1. 生物转化作用的概念及意义	了解				
	2. 生物转化的反应类型	了解				
	3. 生物转化的特点					
	（四）胆色素代谢	掌握				
	1. 胆色素分解代谢过程	熟悉				
	2. 血清胆红素与黄疸	熟悉				
	（五）常用肝功能试验及临床意义	了解				

单元	教学内容	教学目标		教学活动参考	参考学时	
		知识目标	技能目标		理论	实践
十、水和无机盐代谢	（一）体液			理论讲授	2	
	1. 体液的分布与组成	了解		多媒体演示		
	2. 体液的交换	了解		实例分析		
	（二）水代谢					
	1. 水的生理功能	熟悉				
	2. 水的摄入和排出	掌握				
	（三）无机盐代谢					
	1. 无机盐的生理功能	熟悉				
	2. 体液的电解质含量及分布	了解				
	3. 钠、氯、钾的代谢	掌握				
	4. 钙、磷的代谢	掌握				
	5. 镁代谢	了解				
	（四）水与无机盐平衡的调节					
	1. 神经系统的调节	了解				
	2. 抗利尿激素的调节	了解				
	3. 醛固酮的调节	了解				
	（五）微量元素代谢	了解				
十一、酸碱平衡	（一）体内酸性、碱性物质的来源			理论讲授	2	
	1. 酸性物质的来源	了解		多媒体演示		
	2. 碱性物质的来源	了解		案例分析		
	（二）酸碱平衡的调节					
	1. 血液的缓冲功能	掌握				
	2. 肺在酸碱平衡调节中的作用	熟悉				
	3. 肾在酸碱平衡调节中的作用	熟悉				
	（三）酸碱平衡失常					
	1. 酸碱平衡失常的基本类型	了解				
	2. 判断酸碱平衡的常用生化指标	了解				
十二、基因信息的传递与表达	（一）核苷酸代谢			理论讲授	2	
	1. 核苷酸的分解代谢	掌握		多媒体演示		
	2. 核苷酸的合成代谢	了解		案例分析		
	3. DNA的生物合成——复制	掌握				
	4. RNA的生物合成——转录	了解				

单元	教学内容	教学目标		教学活动参考	参考学时	
		知识目标	技能目标		理论	实践
十二、基因信息的传递与表达	（二）蛋白质的生物合成 1. 蛋白质生物合成体系 2. 蛋白质生物合成过程 3. 蛋白质生物合成与医学的关系	熟悉 了解 了解				

五、说明

（一）教学安排

本大纲供中等卫生职业教育医学检验技术专业教学使用，总学时为 54 学时，其中理论教学 44 学时，实践教学 10 学时。

（二）教学要求

1. 本课程对知识部分教学目标分为掌握、熟悉、了解三个层次。掌握：是指对基本知识、基本理论有较深刻的认识，并能综合、灵活地运用所学的知识解决实际问题。熟悉：指能领会概念、原理的基本含义，解释现象。了解：指对基本知识、基本理论能有一定的认识，能够记忆所学的知识要点。

2. 本课程重点突出以岗位胜任力为导向的教学理念，技能目标要求学会。学会是指能独立、规范地解决实践技能问题，完成实践技能操作，在教师的指导下能初步实施实践操作。

（三）教学建议

1. 本课程依据医学检验岗位的工作任务、职业能力要求，根据培养目标、教学内容和学生的特点以及执业资格考试要求，将学生的自主学习、合作学习和教师引导教学等教学组织形式有机结合。

2. 教学过程中，可通过测验、观察记录、技能考核和理论考试等多种形式对学生的职业素养、专业知识和技能进行综合考评。应体现评价主体的多元化，评价过程的多元化，评价方式的多元化。评价内容不仅关注学生对知识的理解和技能的掌握，更要关注知识在临床实践中运用与解决实际问题的能力水平，重视职业素质的形成。

参 考 文 献

[1] 莫小卫,方国强.生物化学基础[M].3版.北京:人民卫生出版社,2017.

[2] 钟衍汇.生物化学基础[M].3版.北京:人民卫生出版社,2017.

[3] 李清秀.生物化学[M].3版.北京:人民卫生出版社,2019.

[4] 周春燕,药立波.生物化学与分子生物学[M].9版.北京:人民卫生出版社,2018.

[5] 蔡太生,张申.生物化学[M].北京:人民卫生出版社,2015.

[6] 何旭辉,吕士杰.生物化学[M].7版.北京:人民卫生出版社,2014.